맛남의 광장

SBS 〈맛남의 광장〉 제작진 지음

호우야

여러분의 작은 소비가 농축산어민 여러분들께는 큰 힘이 됩니다.
정말 감사합니다.

백종원

여러분들의 작은 소비가
농축산어민 분들께는
큰 힘이 됩니다 ~^^
정말 감사 합니다.
SBS 맛남의 광장 백종원

우주대스타 김희철입니다.(a.k.a. 흰철)
1년 전만 해도 아무것도 못하던 제가 어느덧 성장했네요. 비록 칼질뿐이지만… ㅋㅋ
우리 〈맛남의 광장〉 레시피로 많은 분들께서 행복하게! 즐겁게!
요리하시길 바랍니다.
농어민분들도 더 행복하실 거고요.
앞으로도 농어민분들을 위해 달리는 〈맛남의 광장〉이 되겠습니다.
매일매일 더 건강하세요~

김희철

우주대스타 김희철 입니다 (a.k.a. 흰철)
1년 전만해도 아무것도 못하던 제가 어느덧 성장했네요
비록 칼질 뿐이지만..ㅋㅋ
우리 '맛남의 광장' 레시피로 많은 분들께서 행복하게! 즐겁게!
요리 하시길 바랍니다 ㅎㅎ, 농어민분들도 더 행복하실거구요 ㅎㅎ,
앞으로도 농어민분들을 위해 달리는 '맛남의 광장' 되겠습니다
매일 매일 더 건강하세요 ~♥
김희철★

〈맛남의 광장〉을 하면서 잊고 있었던 재료들을 보며 "아차"할 때가 많습니다.
너무 많은 식재료 때문에 너무 편식을 한 게 아닌가 싶습니다.
여러분들도 편식하지 마시고 계절마다 제철 메뉴를 골고루 드시면서
오래오래 건강히 맛있는 음식 만들어 드시길 바랍니다.
요리를 한다는 건 행복을 만드는 거라고 생각됩니다.
오늘은 어떤 행복을 만들어보실 건가요???
여러분의 행복이 농어민분들의 행복이 됩니다.
모두모두 파이팅!

양세형

양세형

맛남의 광장을 하면서 잊고 있었던 재료들을 보며
"아차" 할때가 많습니다. 너무 많은 식재료때문에
너무 편식을 한게 아닌가 싶습니다. 여러분들도
편식하지 마시고 계절마다 제철메뉴를 골고루 드시면서
오래오래 건강히 맛있는 음식 만들어 드시길 바랍니다.
요리를 한다는건 행복을 만드는거라고 생각됩니다.
오늘은 어떤 행복을 만들어보실 건가요???
여러분의 행복이 농어민분들의 행복이 됩니다. 모두모두 화이팅!!!

안녕하세요? 김동준입니다.
〈맛남의 광장〉을 통해 저 또한 많은 감정을 느끼고 배우고 있습니다.
여러분들이 함께해주신 덕분에 많은 농어민들, 축산업하시는 분들께 힘이 되어
저 또한 진심으로 감사드립니다.
앞으로도 함께해요. 감사합니다.

김동준

안녕하세요. 김동준 입니다.
맛남의 광장을 통해 저 또한 많은 감정을 느끼고 배우고 있습니다.
여러분들이 함께 해주신 덕분에 많은 농·어민들 축산업 하시는 분들께
힘이 되어 저 또한 진심으로 감사드립니다.
앞으로도 함께해요. 감사합니다.

안녕하세요! 유병재입니다.
이번에 저희 〈맛남의 광장〉에서 책이 나오게 됐는데요.
저는 중간에 들어왔지만 재미와 의미를 함께 품은 프로그램에 주신 사랑에
마음 깊이 감사드리고 있습니다.
앞으로도 많은 관심 부탁드리며 저희도 농어민분들께 힘이 되기 위해
최선의 노력을 다하겠습니다. 감사합니다!!

유병재

안녕하세요! 유병재입니다.
이번에 저희 〈맛남의 광장〉에서 책이 나오게 됐는데요.
저는 중간에 들어왔지만 재미와 의미를 함께 품은 프로그램에 주신
사랑에 마음 깊이 감사드리고 있습니다.
앞으로도 많은 관심 부탁드리며 저희도 농·어민 분들께 힘이 되기 위해
최선의 노력을 다하겠습니다. 감사합니다!!

맛남의 광장
INDEX

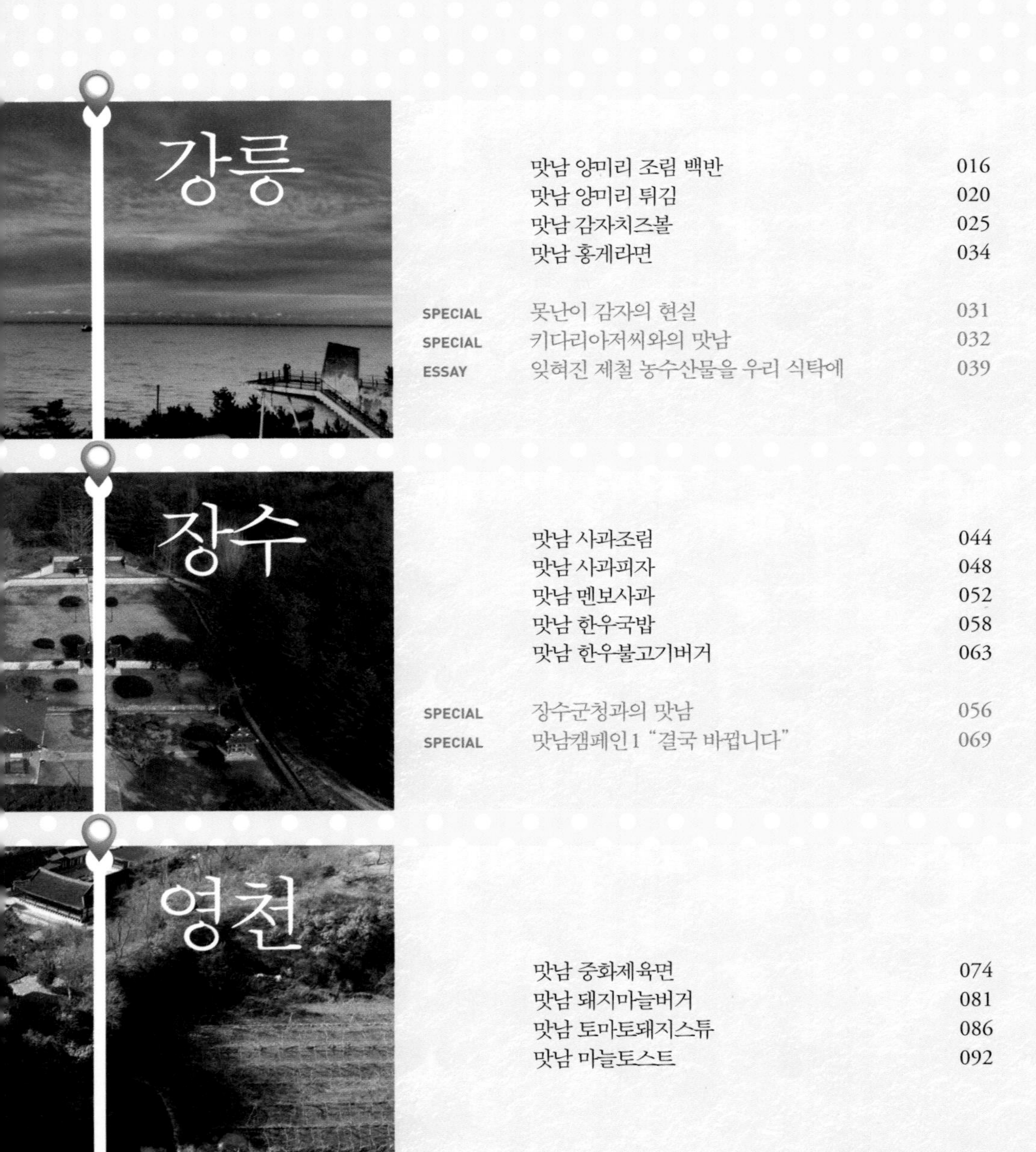

강릉

맛남 양미리 조림 백반 016
맛남 양미리 튀김 020
맛남 감자치즈볼 025
맛남 홍게라면 034

SPECIAL 못난이 감자의 현실 031
SPECIAL 키다리아저씨와의 맛남 032
ESSAY 잊혀진 제철 농수산물을 우리 식탁에 039

장수

맛남 사과조림 044
맛남 사과피자 048
맛남 멘보사과 052
맛남 한우국밥 058
맛남 한우불고기버거 063

SPECIAL 장수군청과의 맛남 056
SPECIAL 맛남캠페인1 "결국 바뀝니다" 069

영천

맛남 중화제육면 074
맛남 돼지마늘버거 081
맛남 토마토돼지스튜 086
맛남 마늘토스트 092

맛남의 광장
INDEX

여수

맛남 갓김밥 100
맛남 갓돈찌개 105
맛남 멸치비빔국수 109
맛남 훈연멸치 가락국수 115

제주

맛남 광어밥 124
맛남 광어조림 129
맛남 광어구이 133
맛남 귤주스 137
맛남 당근귤주스 141
맛남 당팥죽 144
맛남 당근찹쌀도넛 148

SPECIAL 제주 감귤과 당근으로 건강한 겨울나기 140

공주

맛남 밤밥 백반 158
맛남 밤팥 아이스크림 164
맛남 딸기 티라미수 167

SPECIAL 어느 농부의 일기 171
ESSAY 못난이 농산물과 착한 소비자의 맛남 172

맛남의 광장
INDEX

맛남 시금치무침 178
맛남 태국식 시금치덮밥 181
맛남 시금치디핑소스 185
맛남 베이컨시금치볶음 189
맛남 홍합밥 194
맛남 홍합장칼국수 198

SPECIAL 맛남캠페인2 "고맙습니다" 193

맛남 파스츄리 208
맛남 진도 대파국 214
맛남 봄동 비빔밥 219
맛남 봄동 된장국 224
맛남 봄동 시저샐러드 227

맛남 김전 236
맛남 김찌개 240
맛남 김부각 245
맛남 고구마 생채 비빔밥 249
맛남 왕고구마 에어프라이어 활용 253

맛남 주꾸미찌개 260
맛남 주꾸미삼겹살볶음 264
맛남 열무된장면 269
맛남 열무꽁치조림 274
맛남 열무돼지고기볶음 279
맛남 열무물김치 283

일러두기

- 이 책《맛남의 광장》은 우리 농가를 살리기 위한 '우리 모두의 마음'과 '색다른 식재료'라는 두 가지 큰 희망을 담아 방송에 소개된 레시피를 모았습니다.
- 방송에서는 계량하지 않고 밥숟가락 기준으로 양념을 넣었기 때문에 대부분의 중량을 g, ml로 표기하기보단, 가정에서 따라 하기 쉽도록 가정용 밥숟가락 기준, 종이컵 기준으로 표기하였습니다.
- 간장 같은 액체와 된장 같은 고체, 설탕 같은 가루는 1큰술의 무게가 다 다릅니다. 특히 된장, 고추장 같은 경우 밥숟가락으로 어떻게 뜨느냐에 따라 무게가 달라지기 때문에 1큰술의 무게는 평균적으로 잡았습니다.
- 레시피를 기준으로 기호에 따라 양념은 가감하시면 좋습니다.
- 제철 농수산물을 활용한 다양한 요리를 담아낸《맛남의 광장》레시피북으로 나만의 면역력을 키워보세요.

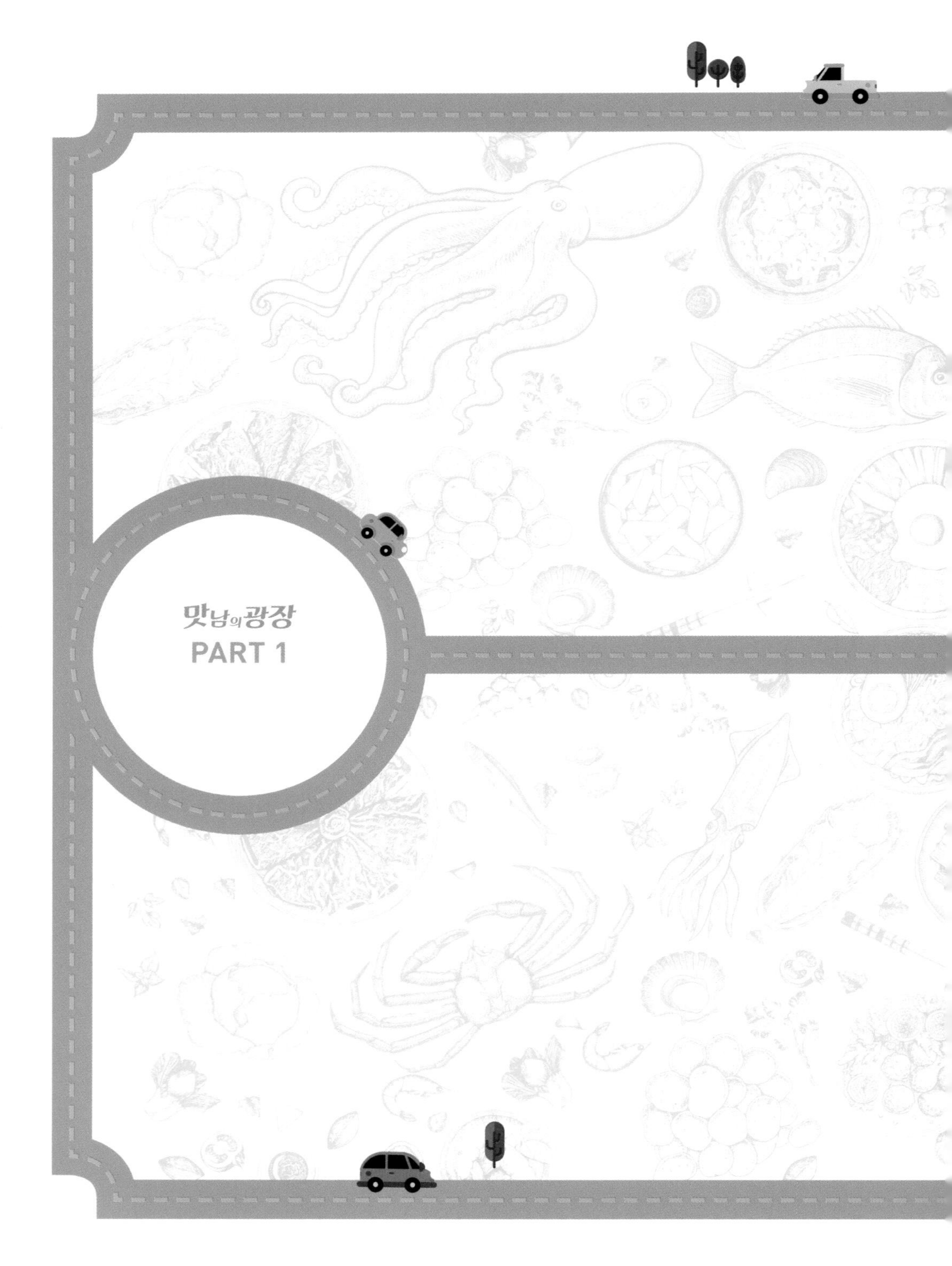

맛남의 광장

PART 1

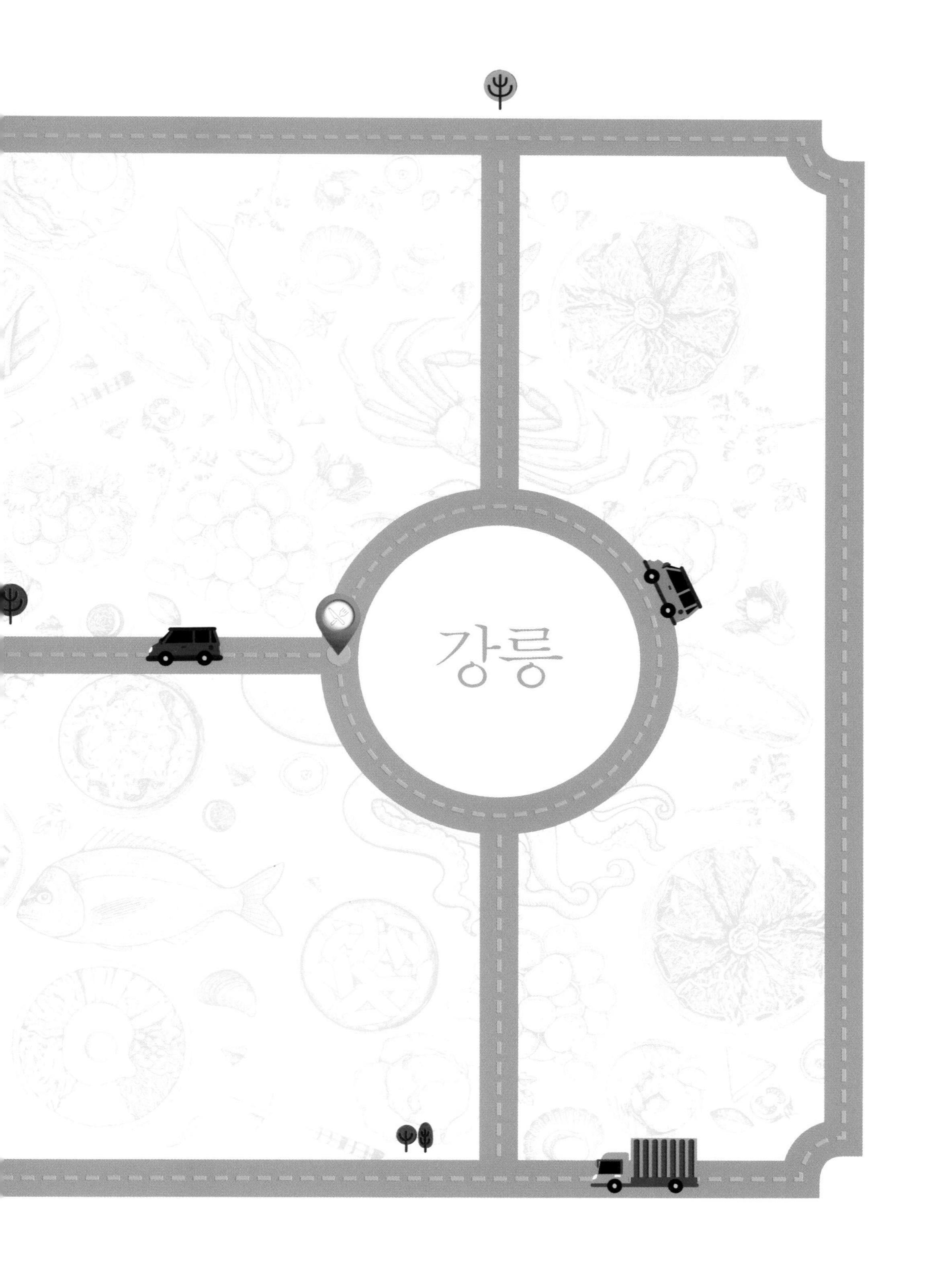
강릉

MENU

맛남 양미리 조림 백반 · 맛남 양미리 튀김 · 맛남 감자치즈볼 · 맛남 홍게라면

감자

감자 수요가 점점 줄어들고 있는 요즘, 설상가상으로 상품성이 떨어져 처치곤란인 '못난이 감자'까지 평소보다 더 많이 발생했다는 강릉! 이에 못난이 감자를 활용하는 다양한 요리법을 소개하고 못난이 감자 재고 소진을 위해 나선 농벤져스! 방송 직후, 마트와 협력해 30톤에 이르는 물량을 완판하며 저력을 보여줬다!

양미리

공급에 비해 수요가 현저히 떨어져 가격이 폭락한 양미리. 특히 양미리 소비자가 심각할 정도로 줄어들어 조업이 한창인 시기에도 물량 조절을 위해 조업을 중단해야 하는 위기 상황이라고…! 이에 집에서도 손쉽게 따라할 수 있는 레시피를 개발해 양미리 소비 촉진에 힘을 보탰다.

홍게

살수율(살코기와 수분의 비율)이 떨어져 잘 팔리지 않는 값싼 홍게. 소비자에게 외면 받아 갈 곳 잃은 값싼 홍게를 다양하게 활용할 수 있도록 〈맛남의 광장〉이 나섰다.

맛남 양미리 조림 백반

2~3인분

양념

된장 1큰술, 고춧가루 2+1/2큰술, 다진 마늘 1큰술, 국간장 4큰술
들기름 2큰술, 생강 약간

양미리 조림

양미리 12마리, 물이나 쌀뜨물, 대파 1대, 청양고추 3개, 양파 1/2개

1

양미리 12마리는 흐르는 물에 씻어 팬에 깔아준다.

2

깔아둔 양미리에 물을 자작이 부어준다. 물 대신 쌀뜨물을 사용하면 감칠맛이 올라간다.

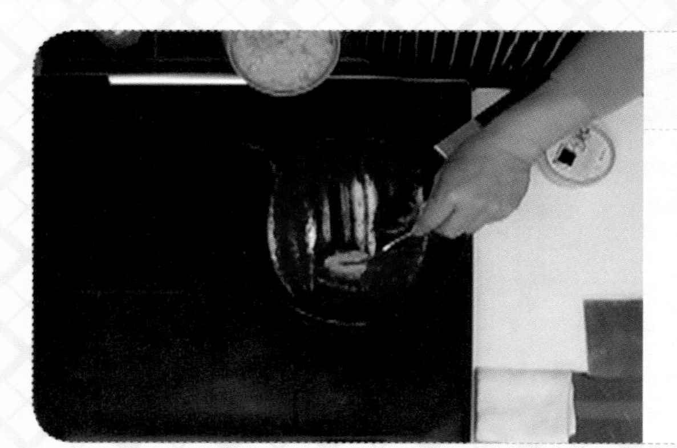

3

고춧가루 2+1/2큰술, 된장 1큰술, 다진 마늘 1큰술, 생강을 약간 넣어준다.

4

양파 1/2개는 반으로 갈라 채 썰고, 파 1대는 어슷썰고 청양고추 3개는 송송 썰어 준다.

5

국간장 4큰술을 넣고, 들기름 2큰술 넣고 간을 맞춰 졸여준다.

- 들기름은 가장 마지막에 넣어줍니다.

맛남 양미리 조림 백반 완성!

빼가 가늘어
통째로 먹어도 되는
양미리 조림!

맛남 양미리 튀김

간장소스

진간장 4큰술, 황설탕 1큰술, 맛술 1큰술, 식초 1큰술
(기호에 따라 설탕과 맛술 양은 조절하면 됩니다.)

파우더

큐민가루 1큰술, 고운 고춧가루 2큰술, 후춧가루 약간

밑간

양미리 6마리, 맛소금 약간, 후춧가루 약간

양미리 튀김

밑간한 양미리, 튀김용 물반죽〔튀김가루 2컵(200g), 물 1 +2/3컵(300ml)〕
빵가루 3컵, 식용유(튀김용)

간장 소스

진간장 4큰술, 황설탕 1큰술, 맛술 1큰술, 식초 1큰술을 넣고 잘 섞어 간장소스를 만들어둔다.

파우더

볼에 큐민가루 1큰술, 고운 고춧가루 2큰술, 후춧가루를 톡톡 뿌려 넣고 뭉치지 않게 잘 섞어준다.

1 양미리 튀김

볼에 물 1+2/3컵, 튀김가루 2컵을 넣고 뭉치지 않게 잘 섞어 튀김용 물반죽을 만들어둔다.

2 양미리 튀김

양미리는 흐르는 물에 씻어 물기를 제거한 뒤 부서지지 않게 조심하면서 맛소금, 후춧가루를 뿌려 밑간한다.

3 양미리 튀김

밑간한 양미리는 통째로 나무 꼬치에 꽂는다.

4 양미리 튀김

꼬치에 꽂은 양미리는 미리 만들어놓은 튀김용 물반죽에 담갔다 뺀 후 굴려서 빵가루를 묻힌다.

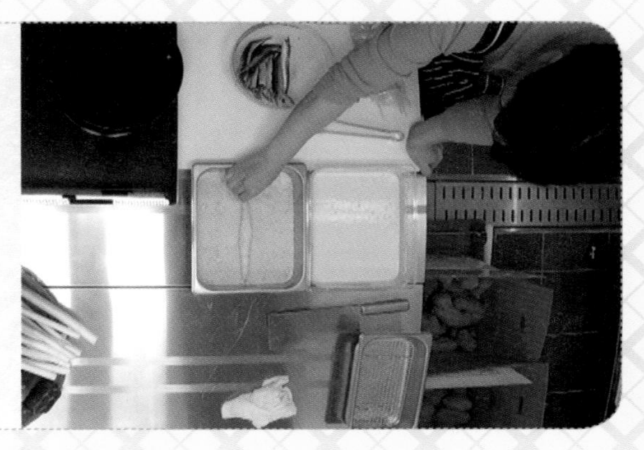

5 양미리 튀김

170도로 예열된 식용유에 넣고 4분간 튀겨준다.

맛남'S 꿀팁

"튀김이 잘 익으면 둥둥 떠오르지요."

6 양미리 튀김

튀겨진 양미리에 간장소스, 파우더를 뿌려준다.

맛남 양미리 튀김 완성!

달콤새콤에 매콤함까지
추가한 양미리 튀김!

맛남 감자치즈볼

감자치즈볼 속 (6개 기준)

삶은 감자 3~4개, 삶은 계란 1개, 치즈스틱 2g×6개, 다진 돼지고기 1/3컵(60g)
양파 1/4개, 청피망 1/4개, 당근 1/6개, 식용유, 황설탕 1/2큰술
진간장 1+1/2큰술, 케첩(기호에 따라 준비합니다.)

튀김용 물반죽

튀김가루 1컵(100g), 물 5/6컵(150ml)

감자치즈볼 튀김

빵가루 1/2컵, 식용유(튀김용)

1 감자치즈볼 속

삶은 감자 3~4개와 삶은 계란 1개를 각각 볼에 담아 으깬다.

2 감자치즈볼 속

양파 1/4개, 당근 1/6개, 피망 1/4개를 크게 다져서 각각 팬에 식용유를 두르고 볶는다.

3 감자치즈볼 속

팬에 식용유를 두른 후 다진 돼지고기 1/3컵, 황설탕 1/2큰술, 진간장 1+1/2큰술을 넣고 볶는다.

4 감자치즈볼 속

볶은 채소와 돼지고기 볶음을 따로 담아 식힌다.

5 감자치즈볼 속

유리 볼에 준비한 재료를 모두 넣고 섞는다.

맛남'S 꿀팁

"재료의 비율은 각자의 입맛대로! 감자 반죽에 빵가루를 입혀 튀기면 크로켓이 돼요. 크로켓에 들어가는 채소는 꼭 볶기! 채소들을 볶지 않으면 수분이 생겨 질척해져요."

1 감자치즈볼

준비한 속을 아이스크림 스쿱으로 뜬 후, 그 안에 적당히 자른 치즈스틱을 넣고 감싸 동그랗게 감자치즈볼을 만든다.

2 감자치즈볼

유리 볼에 튀김가루 1컵과 물 5/6컵을 넣고 뭉치지 않게 잘 섞어 튀김용 물반죽을 만든다.

3 감자치즈볼

감자치즈볼을 튀김용 물반죽에 담갔다 뺀 후 빵가루를 고루 묻힌다.

4 감자치즈볼

팬에 식용유를 넣고 예열되면 감자치즈볼을 넣어 안의 치즈가 녹을 수 있게 6~7분간 충분히 튀긴다.

5 감자치즈볼

노릇노릇하게 튀긴 감자치즈볼은 그릇에 담아 기호에 따라 케첩과 함께 준비한다.

맛남'S 꿀팁

"끓는 튀김 기름에 감자치즈볼을 넣을 때는 팬 가장자리에 굴리듯이 넣지 않으면 기름이 튈 수 있어요."

맛남 감자치즈볼 완성!

걸바속촉 끝판왕
감자치즈볼 !

맛남의 광장
SPECIAL

못난이 감자의 현실

맛남의 광장
못난이 답사
단지 생김새 때문에 폐기되는 못난이 감자

맛남의 광장
못난이 답사
단지 생김새 때문에
버려지는 아까운 감자들

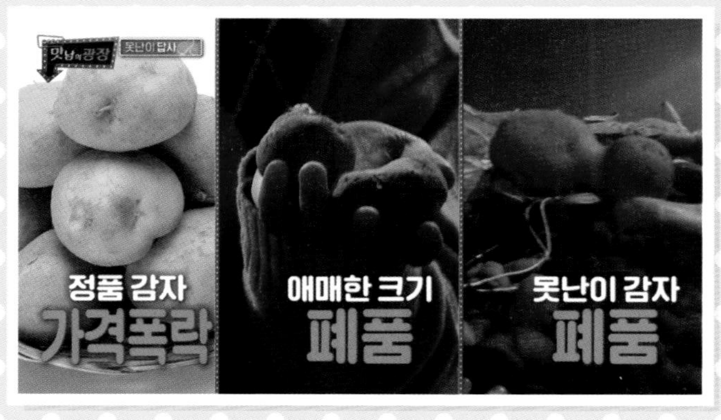
맛남의 광장
못난이 답사
정품 감자
가격폭락
애매한 크기
폐품
못난이 감자
폐품

키다리아저씨와의 맛남

키다리아저씨의 통 큰 결정으로 대형 마트에서
못난이 감자를 만나요!

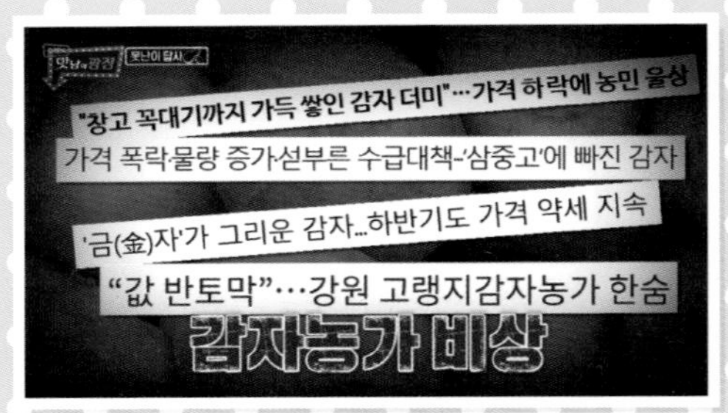

맛남의 광장
키다리 거상의 등장?!
FLEX
경 뉴월드 대형마트 입성 축
맛남의 광장
키다리 거상의 등장?!
가까운 마트에서
맛나요

맛남 홍게라면

라면 양념장

식용유 5큰술, 대파 1/2대, 재래식 된장 4큰술
굵은 고춧가루 2큰술, 국간장 4큰술

홍게라면(1인분)

홍게 1마리, 라면 1개, 양념장 2큰술, 물 4+1/2컵(800ml)
불린 미역 적당량, 고명용 대파 적당량

홍게라면도 찜!

1 홍게 손질

게딱지를 열고 아가미와 모래집을 제거해 홍게를 손질한다.

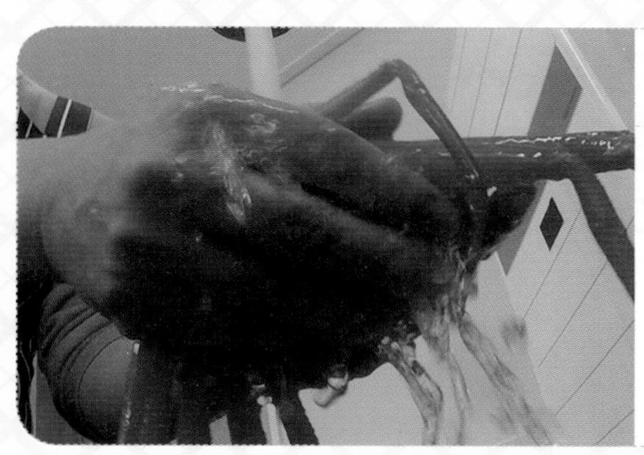

2 홍게 손질

흐르는 물에 홍게를 살짝 헹군다.

1 라면 양념장

팬에 대파 1/2대를 썰어 넣고 식용유 5큰술을 부어 파기름을 낸다.

2 라면 양념장

파기름을 낸 팬에 된장 4큰술과 굵은 고춧가루 2큰술을 넣어 볶다가 국간장 4큰술을 넣고 끓여 양념장을 완성한다.

1 홍게라면

냄비에 물 4+1/2컵을 붓고 라면스프를 넣는다.

2 홍게라면

만들어놓은 양념장 약 2큰술과 불려놓은 미역을 넣고 끓인다.

3 홍게라면

손질한 홍게를 반으로 잘라 게딱지와 함께 넣는다.

4 홍게라면

물이 끓으면 면을 넣는다.

5 홍게라면

익은 라면을 그릇에 담고, 게 다리를 걸치고 게딱지와 고명용 대파를 올려준다.

맛남 홍게라면 완성!

신선한 해물맛과
매콤한 된장 소스의 맛이 더해진
맛있는 홍게라면!

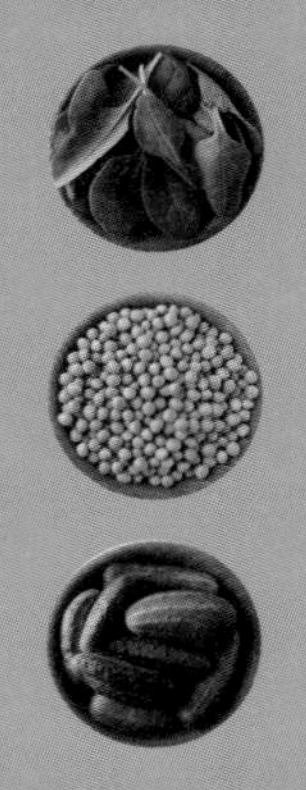

잊혀진 제철 농수산물을 우리 식탁에

휴게소에는 많은 의미가 담겨 있다. 여행객들의 쉼터라는 단순한 의미를 넘어서 여행의 묘미가 되기도 하는 곳이 휴게소다. 식문화의 관점에서 보면 어떤가? 예를 들어, 강릉으로 떠난 여행객은 문막휴게소를 들를 수도 있고, 홍천휴게소를 들를 수도 있다. 그 기준은 휴게소에서 파는 음식이 좌우하는 경우가 크다.

여행을 계획할 때 어느 휴게소에 들러 점심을 먹을지, 간식을 먹을지까지 생각하는 사람들이 많다는 이야기다. 그런데 맛도 맛이지만 여행지의 분위기를 좀 더 느낄 수 있는 음식을 더 선호하지 않을까? 그렇다면 지역 특산물을 활용한 메뉴가 있으면 더 좋지 않을까? 꼬리에 꼬리를 물고 나오는 아이디어로 프로그램이 만들어졌다. 휴게소나 기차역 등 유동 인구가 많은 만남의 장소에서 특산물을 이용한 신메뉴를 판매해 맛있는 음식으로 이용객들을 사로잡는 것은 물론이고, 지역 특산물을 알리는 것이 프로그램의 처음 의도였다.

다양한 식자재로 다양한 메뉴를 개발하면 농어민들도 좋고, 소비자들도 좋은 일이다. 점점 잊혀가는 특산물을 홍보해 농어민의 소득 증대에 이바지하고, 다양한 식자재로 밥상이 풍성해지니 소비자들도 즐거워지는 일거양득의 효과를 노린 것이다. 최근 '코로나19'의 여파로 휴게소에서 특산물을 알리는 홍보는 잠시 멈췄지만, 잊혀진 제철 농수산물을 식탁에서 손쉽게 요리할 수 있도록 돕는 것은 〈맛남의 광장〉의 사명이다.

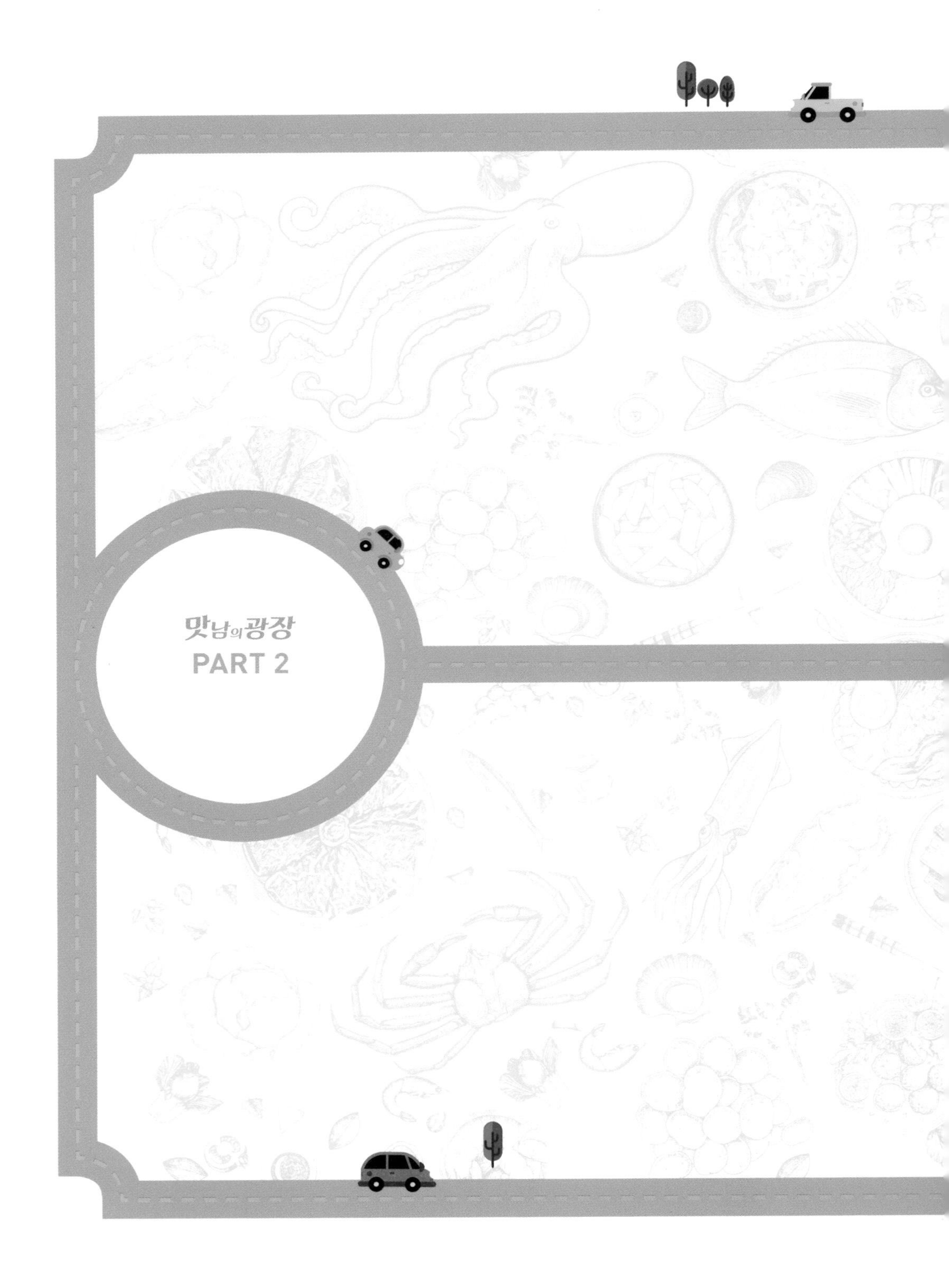
맛남의 광장
PART 2

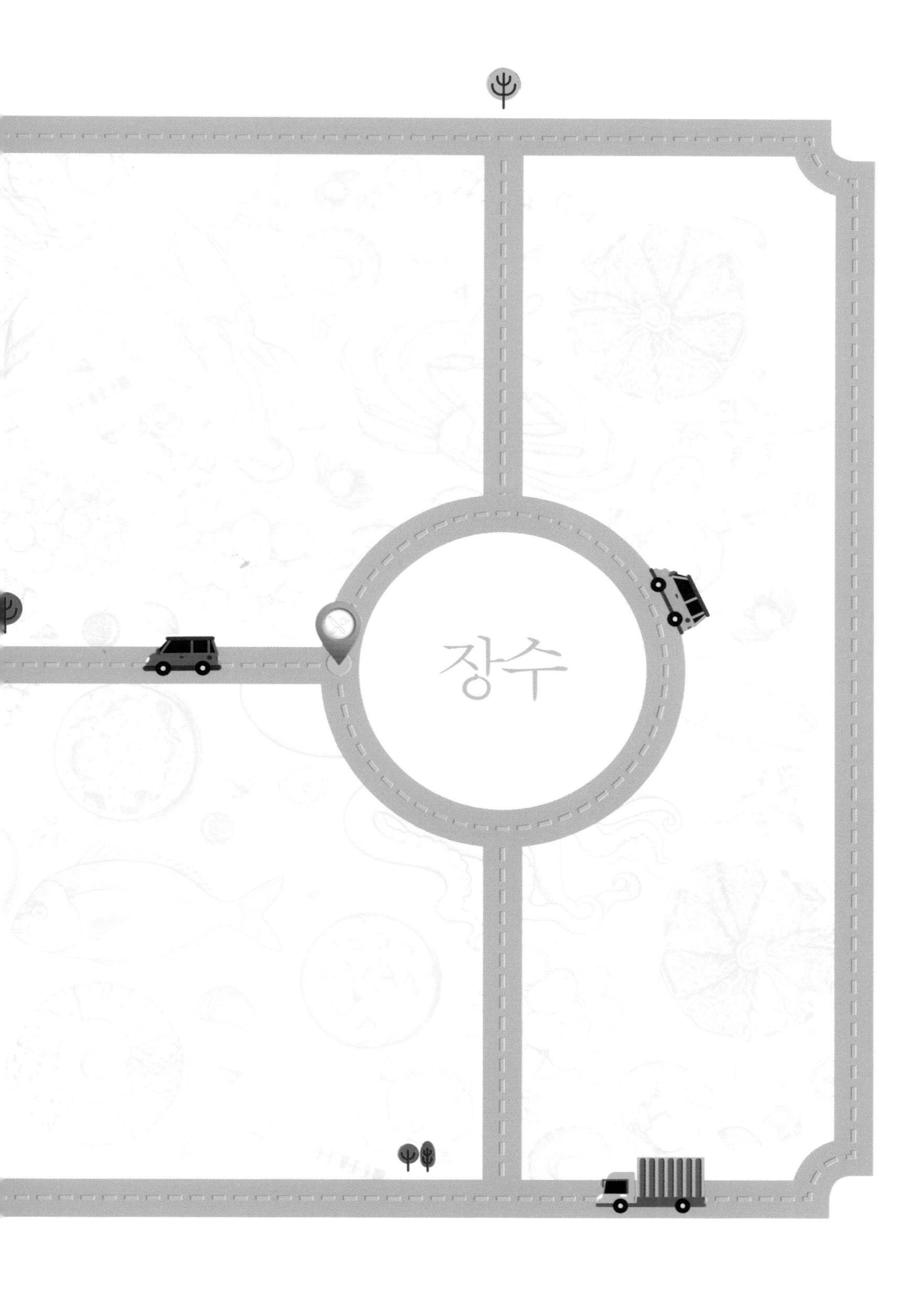
장수

MENU

맛남 사과조림 · 맛남 사과피자 · 맛남 멘보사과

맛남 한우국밥 · 맛남 한우불고기버거

사과

연이은 태풍으로 홍로 출하 시기를 놓치고, 공급 과잉으로 인한 가격 폭락으로 손해가 막심한 장수의 사과 농가! 장수의 사과 농가를 돕기 위해 개발한 '사과조림', '사과피자', '멘보사과' 등 각양각색 사과 요리는 방송 이후 실시간 검색어를 장악하는 것은 물론, 각종 SNS를 뜨겁게 달구며 폭발적 관심을 불러일으켰다.

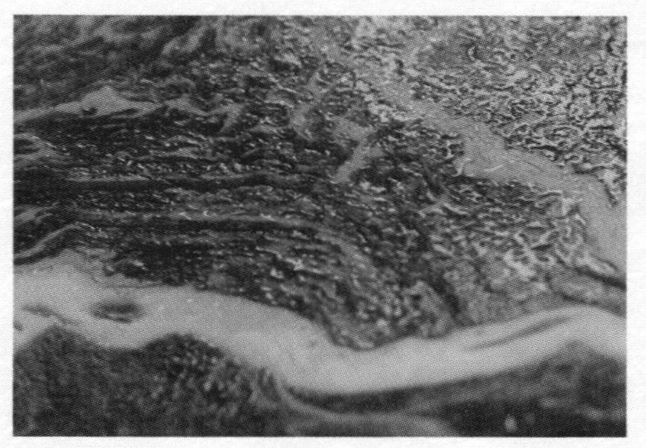

한우

인구보다 소가 더 많은 한우의 고장 장수! 하지만 구이용 부위가 아닌 다른 부위들은 수요가 적어 소비 부진을 겪고 있다는데…. 이에 한우 비인기 부위를 활용한 레시피 연구에 나선 〈맛남의 광장〉! 사태, 목심 등 비인기 부위로 만든 특별한 레시피로 한우의 부위별 균형적 소비를 유도해 화제를 모았다.

맛남 사과조림

사과 6~7개, 물 2+1/5컵(400ml), 황설탕 1+2/3컵
레몬주스 1/2컵, 계핏가루 1/2큰술

맛남'S 꿀팁

"달콤한 사과조림은 프렌치토스트랑 정말 잘 어울려요."

1

사과 6~7개를 씻은 후 껍질을 벗기고 작게 깍둑 썰어 준비한다.

2

냄비에 깍둑썰기한 사과, 물 2+1/5컵, 황설탕 1+2/3컵, 레몬주스 1/2컵, 계핏가루 1/2큰술을 넣고 잘 저어가며 강불로 끓인다.

3

내용물이 끓어오르면 중약불로 줄인 후 30~40분간 저어가며 조린다.

- 완성된 사과조림은 냉장 보관하세요.
- 사과와 감자를 함께 보관하면 사과의 에틸렌 가스가 감자의 발아를 억제해 보관 기간을 늘려줘요. 감자 10kg에 사과 1개 정도를 넣어두면 적당해요.
- 사과는 섬유질이 풍부해 대장 활동을 원활히 하고 피로 회복, 노화 방지 효과가 있어요.

맛남 사과조림 완성!

프렌치토스트랑
정말 잘 어울리는
사과조림!

맛남 사과피자

사과피자 1판

또띠아 1장(8인치), 사과조림 약 1/2컵, 모차렐라 치즈 3/5컵
파슬리가루 약간, 고르곤졸라 치즈 작은 3조각

1

또띠아 1장에 사과조림 1/2컵을 넓게 펴 바른다.

2

사과조림 위에 모차렐라 치즈 3/5컵을 고루 뿌린다.

3

고르곤졸라 치즈를 군데군데 얹는다.

4

마른 팬에 사과피자를 올리고 뚜껑을 닫은 채 약불에서 4분 30초간 치즈가 녹을 때까지 굽는다.

- 전자레인지나 오븐에 넣고 3~4분간 치즈가 녹을 정도로 구워도 돼요.

5

피자를 꺼낸 뒤 먹기 좋게 6~8등분으로 나눈 후 파슬리가루를 뿌린다.

맛남 사과피자 완성!

사과와 치즈의
환상 컬래버 사과피자!

맛남 멘보사과

멘보사과 8개 기준

식빵 4장, 사과조림 1컵, 튀김용 물반죽〔튀김가루 1컵(100g), 물 약 5/6컵(150ml)〕
연유, 식용유(튀김용) 적당량

1

볼에 튀김가루 1컵과 물 5/6컵을 넣고 잘 섞어 튀김용 물반죽을 만든다.

2

식빵 한쪽 면에 사과조림을 골고루 펴서 발라준다.

3

다른 식빵으로 한쪽을 덮어 살짝 누른 후 적당한 크기로 자른다. 삼각형 모양으로 2등분, 사각형 모양으로 4등분 하면 먹기 좋다.

4

적당한 크기로 자른 식빵에 튀김용 물반죽을 골고루 입힌다.

5

170도로 예열된 기름에 넣고 3~4분 동안 겉이 바삭해지게 튀겨준다.

6

튀긴 멘보사과 위에 연유를 뿌려 완성한다.

맛남 멘보사과 완성!

아이들 간식의 최고봉
멘보사과!

장수군청과의 맛남

사과즙의 정확한 재고 파악과 사과즙에 대한 합리적인 가격 책정,
한우 비인기 부위 활용 제안

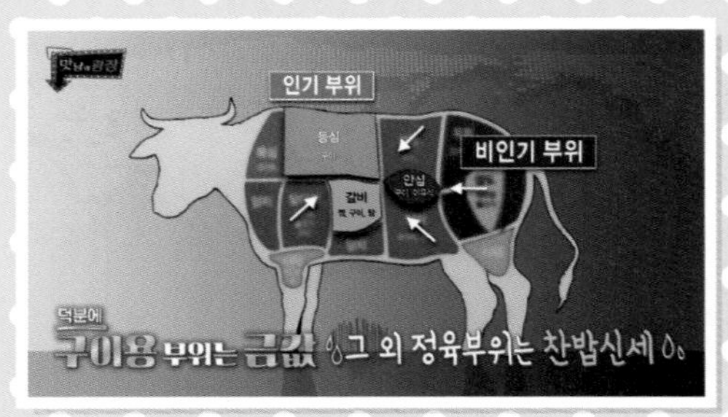

오전 장사 in 덕유산휴게소
한우와 사과의 변신은 무죄

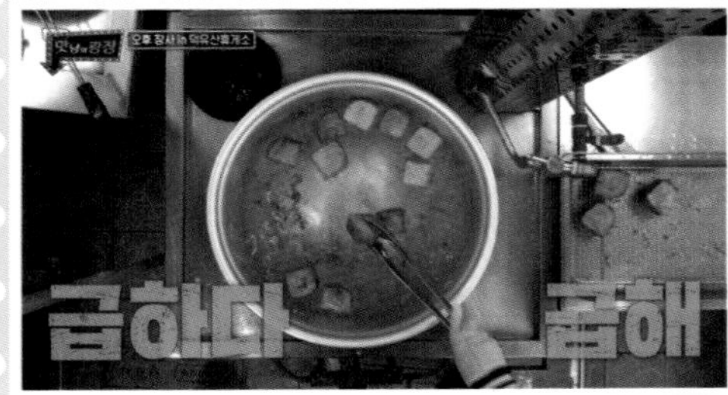
오후 장사 in 덕유산휴게소
급하다 급해

오전 장사 in 덕유산휴게소
오전 장사 결과
맛남 한우 국밥 83인분
맛남 사과피자 45인분

오전 장사 in 덕유산휴게소
맛남의광장 에서만
만날 수 있는 특선 메뉴

맛남 한우국밥

2인분

식용유, 참기름, 국거리용 소고기(사태) 1컵(180g), 무 5cm 두께
데친 배추 우거지 1+1/2컵, 콩나물 한 주먹, 물 9컵
고운 고춧가루 약 1큰술, 국간장 2큰술, 다진 마늘 1큰술, 대파 약 1/2대
청양고추 1개, 꽃소금 2/3큰술

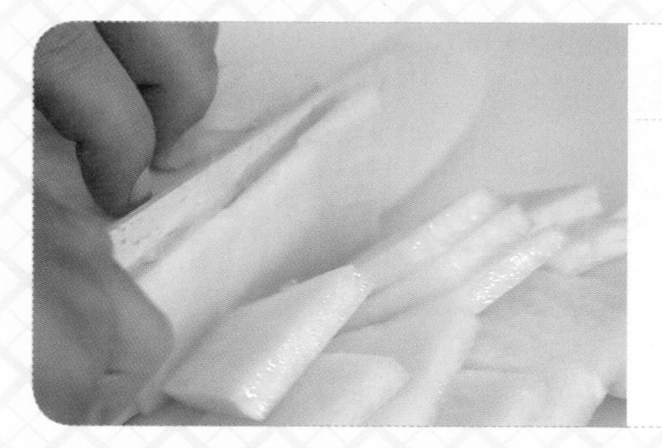

1

무는 사각 모양으로 썰고, 청양고추 1개와 대파 1/2대는 송송 썰어서 준비한다.

2

냄비에 식용유, 참기름, 국거리용 소고기 1컵을 넣고 볶아준다.

맛남'S 꿀팁

"고기를 그냥 끓이는 것보다 볶아서 끓이면 국물 맛이 깊어져요."

3

볶아진 사태에 물 9컵을 붓고 푹 끓여준다.

맛남'S 꿀팁

"한 시간 정도 끓여주면 고기가 부드러워져요. 시간이 없어도 되도록 오래 끓여주세요."

4

사태가 충분히 익으면 썰어 놓은 무를 먼저 넣고 국간장 2큰술, 꽃소금 2/3큰술, 다진 마늘 1큰술을 넣어서 간을 한다.

맛남'S 꿀팁

"물이 졸아든 상태에서 간을 하면 재료에 간이 잘 배어요. 간을 봤을 때 짜면 나중에 물을 보충하면 쉽게 간을 맞출 수 있어요."

5

밑간을 한 사태 국물에 살짝 데친 배추 우거지 1+1/2컵을 넣어 한소끔 끓여준다.

6

고운 고춧가루 1큰술을 넣고 썰어둔 대파, 청양고추, 데친 콩나물을 넣고 끓인다.

맛남 한우국밥 완성!

없던 숙취까지
한번에 날려주는 한우국밥!

맛남 한우불고기버거

2인분

한우불고기

우목심 슬라이스 2/3컵(110g), 양파 1/2개, 대파 1/4대, 다진 마늘 1/2큰술
진간장 약 2큰술, 황설탕 약 1큰술, 참기름 약간, 물 3큰술, 후춧가루 약간

한우불고기버거

핫도그 빵 2개, 한우 불고기, 할라피뇨 8조각, 마요네즈 또는 케첩 1큰술

1

양파 1/2개는 채 썰고, 대파 1/4대는 송송 썰어서 준비한다.

2

볼에 채 썬 양파, 대파, 다진 마늘 1/2큰술, 진간장 2큰술, 황설탕 1큰술, 참기름 약간, 후춧가루, 물 3큰술을 넣고 잘 섞어준다.

3

우목심 슬라이스 2/3컵을 넣고 뭉치지 않게 잘 버무려준다.

맛남'S 꿀팁

"불고기 양념은 설탕, 물엿, 맛술, 다진 마늘, 진간장이 기본이에요. 참기름을 넣으면 불고기 향이 확 나요."

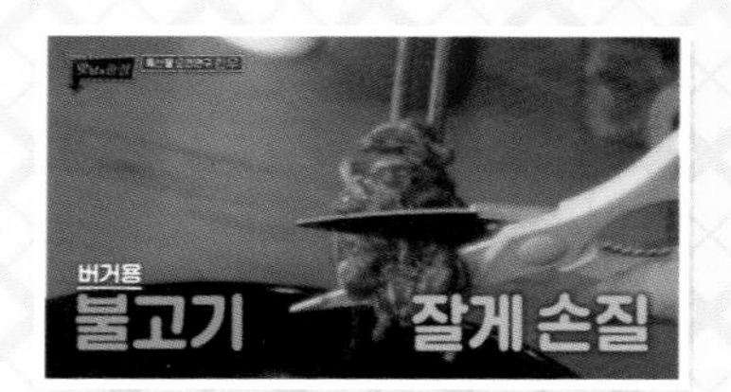

4

팬에 버무려놓은 한우불고기를 넣고 볶아준다.

맛남'S 꿀팁

"불고기는 수분이 날아갈 때까지 볶아야 빵에 넣었을 때 맛있어요."

5

핫도그 빵은 찜기에 약 2분간 데워준다.

- 핫도그 빵을 가를 때, 빵이 완전히 분리되지 않게 주의하세요.
- 보온밥통이나 찜기를 활용하면 빵이 훨씬 촉촉해져요.

6

데운 빵을 반으로 갈라 할라피뇨 3~4조각, 한우불고기를 넣어준다.

7

속재료를 푸짐하게 넣은 핫도그 빵 위에 마요네즈 또는 마요네즈와 케첩을 지그재그로 뿌린다.

맛남'S 꿀팁

"빵이 푸석푸석하면 맛이 없어요."

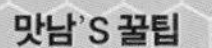

맛남'S 꿀팁

"불고기가 식으면 맛이 없어요."

맛남'S 꿀팁

"속재료에 물기가 많으면 맛이 없어요."

맛남 한우불고기버거 완성!

맛이 없을 수 없는
한우불고기버거!

맛남캠페인1 "결국 바뀝니다"

많은 분들이 방송을 보고 식재료를 구매해주시는데 사실상
중간에 여러 유통단계를 거쳐야 하기 때문에 소비자가격을 단번에
낮추기 어려운 게 현실입니다. 하지만 산지 식재료에 대한 수요가 있다면
"결국엔 분명히 바뀝니다."
우리 농산물 홍보에 도움이 되면서 소비자들도
합리적 가격에 살 수 있도록, 농가와 소비자가 모두 윈윈하는
대한민국이 되기 위해 오늘도 달리는 〈맛남의 광장〉.
함께 응원하며 지켜봐주시길 바랍니다.

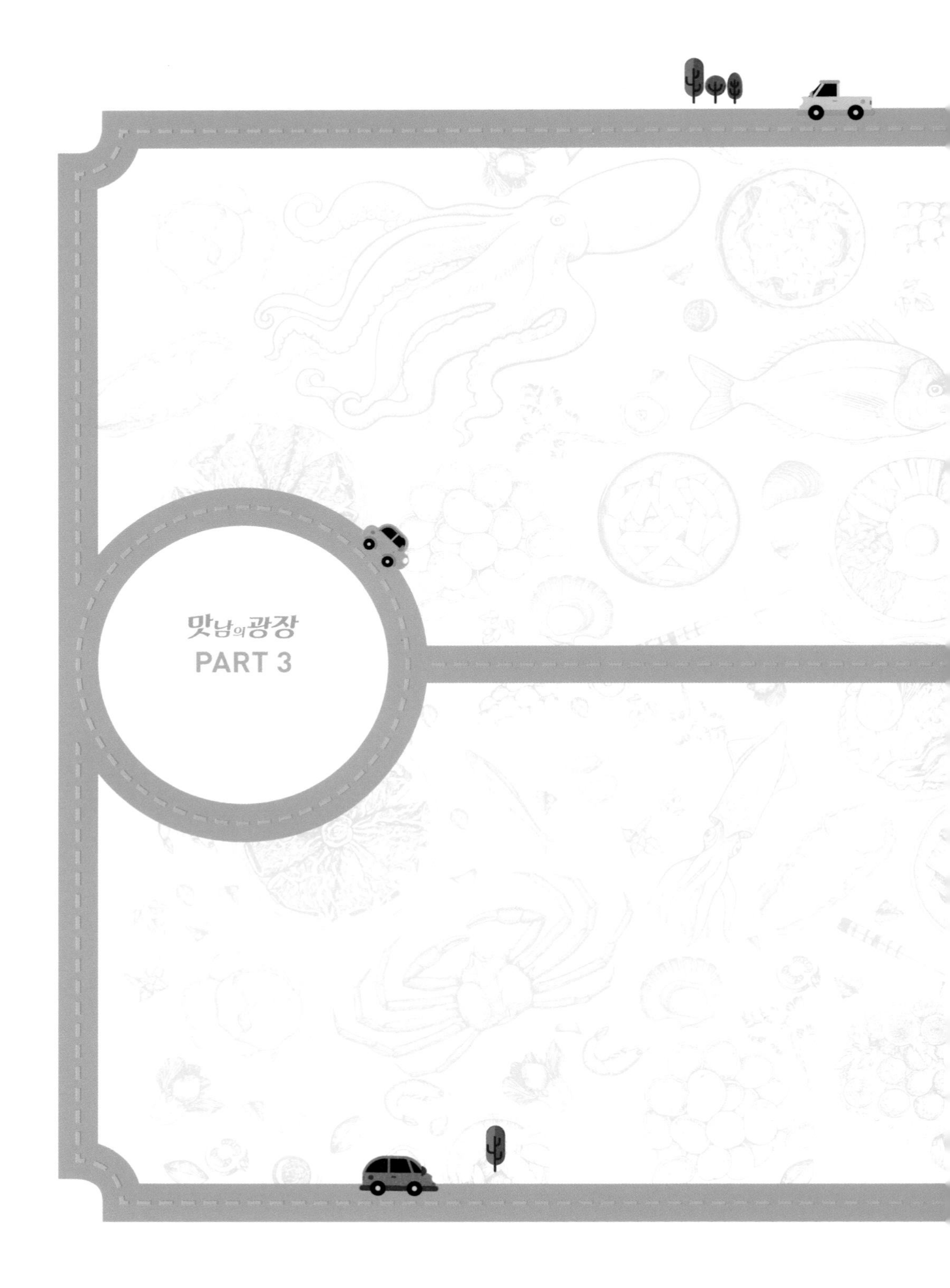

맛남의 광장 PART 3

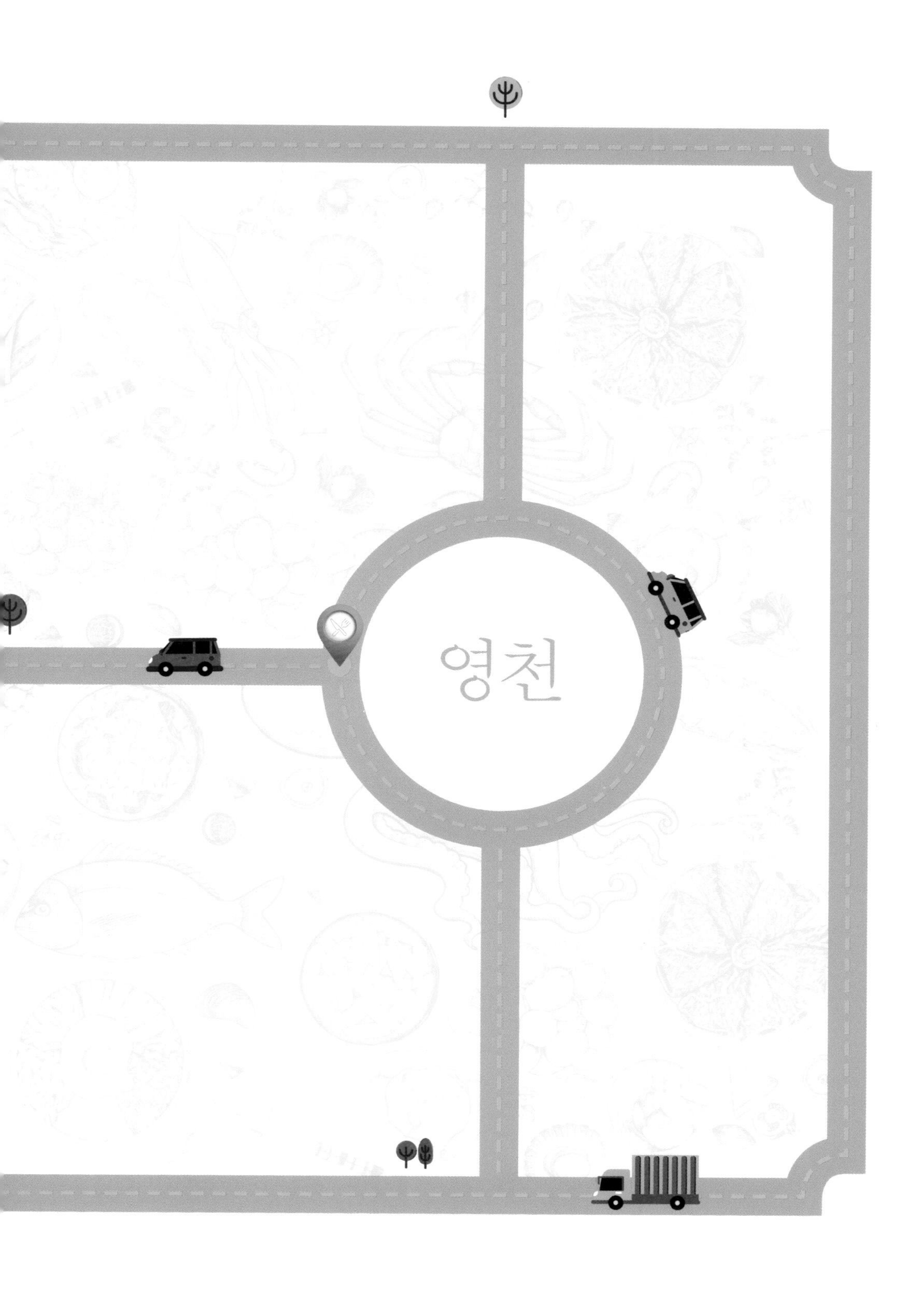
영천

MENU

맛남 중화제육면 · 맛남 돼지마늘버거 · 맛남 토마토돼지스튜 · 맛남 마늘토스트

한돈

전국을 휩쓴 아프리카돼지열병의 영향으로 뚝 떨어진 돼지고기 소비! 이에 농림축산식품부까지 찾아가 이로 인한 고충을 알아보며 한돈 농가를 돕기 위해 나선 〈맛남의 광장〉. 역대급 반응을 끌어낸 '중화제육면'을 비롯해 다양한 한돈 레시피를 선보이며 저지방 부위로도 충분히 맛있는 요리를 만들 수 있다는 것을 보여주었다.

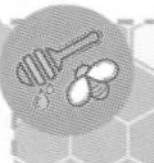

맛남'S 꿀팁

"단백질이 많고 지방 함량이 적은 한돈 등심은 돈가스, 탕수육에 활용하면 좋아요."

마늘

전국적인 풍작으로 인한 과잉 생산으로 갈 곳 잃은 마늘! 마늘 농가들은 애써 키운 마늘을 헐값에 넘기거나 창고에 쌓아 둔 채 말 못 할 고통을 겪고 있다는데…. 풍작에도 눈물지을 수밖에 없는 전국의 마늘 농가를 위해 나선 〈맛남의 광장〉! 마늘을 활용한 색다른 레시피를 공개하며 마늘 소비 촉진을 도왔다.

맛남'S 꿀팁

"생마늘은 콜레스테롤 수치를 개선하는데 탁월한 효과가 있고, 구운 마늘은 항산화 물질 활성도가 50배나 높아요."

맛남 중화제육면

3인분

고기 볶음

식용유 약 2/5컵, 대파 약 1대, 간 돼지고기 뒷다리살 1 +1/2컵(270g) , 된장 약 1/2큰술
굵은 고춧가루 4큰술, 고운 고춧가루 약 2큰술, 진간장 5 +1/2큰술, 다진 마늘 2큰술
황설탕 3큰술, 고추장 2큰술, 물 약 1 +1/3컵(240ml), 꽃소금 약간, 후춧가루 약간

중화제육면

냉동 중화면 3개, 고기 볶음, 주키니 호박 약 1/3개, 양배추 1/8개, 양파 1/2개, 대파 1대

1 고기 볶음

팬에 식용유를 두르고 송송 썬 파 1대를 볶아 파기름을 낸다.

맛남'S 꿀팁

"파가 끓기 시작하고 수분이 날아간 뒤 노릇노릇해질 때까지 볶아야 진짜 파기름이 나와요. 그래야 고소한 맛이 확 나면서 맛있어져요."

2 고기 볶음

돼지고기 지방으로 더 고소한 파기름을 내기 위해 간 돼지고기 1+1/2컵을 바로 투입!

- 정육점에서 간 돼지고기를 주문할 때, 지방도 살짝 섞어달라고 하면 더 맛있는 중화제육면을 만날 수 있어요.
- 양념(다진 마늘+간장+고춧가루 2종류+황설탕) 할 때 수분 있는 상태에서 넣으면 별 효과가 없어요. 기름이 자글자글 튀겨지고 있을 때 넣어야 향이 확 나와요.

3 **고기 볶음**

파기름을 우려내는 동안, 간 돼지고기와 다진 마늘 2큰술을 넣어 수분을 날려가며 볶는다.

4 **고기 볶음**

기름이 끓으면 황설탕 3큰술을 넣어 불향을 낸다.

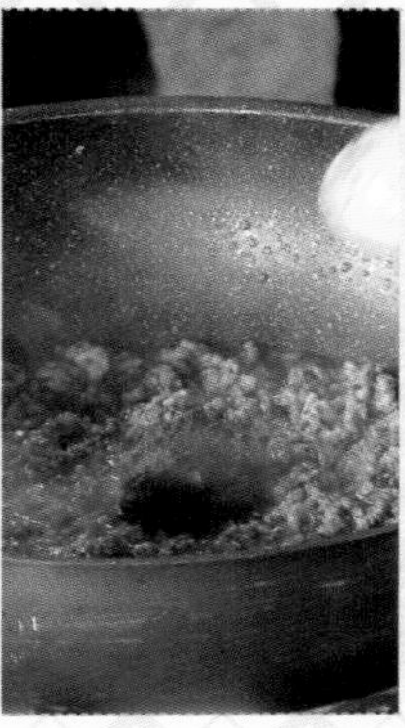

5 고기 볶음

불향 입힌 돼지고기 볶음에 진간장 5+1/2큰술, 된장 1/2큰술, 고추장 2큰술 넣고 춘장 볶듯 충분히 볶아 준다.

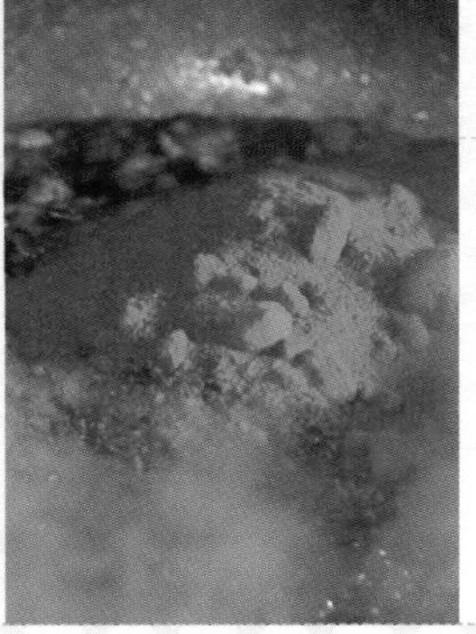

6 고기 볶음

굵은 고춧가루 4큰술과 고운 고춧가루 2큰술을 넣고 볶다가 물 1+1/3컵을 넣어 끓인다.

맛남'S 꿀팁

"물을 넣어야 고기 안에 양념이 쏙 배이면서 고기에서 육즙도 나오고 재료의 맛이 고루 섞여요."

7 고기 볶음

한소끔 끓으면 소금, 후춧가루로 간을 맞춘다.

1 중화제육면

반 갈라 큼직하게 썬 대파와 굵게 채 썬 양배추, 주키니 호박, 양파 등 채소를 팬에 넣고 반쯤 숨 죽을 때까지 볶아준다.

- 볶음 재료 양: 반 갈라 큼직하게 썬 대파 1대, 굵게 썬 양배추 1/8개, 주키니 호박 1/3개, 양파 1/2개.

2 중화제육면

채소가 적당히 익으면 미리 만든 양념장을 넣어 함께 볶는다.

3 중화제육면

끓는 물에 냉동 중화면을 넣고 풀어준 후 물기를 털어서 그릇에 담는다.

4 중화제육면

면 위에 볶은 재료를 담은 후 송송 썬 고명용 대파를 올려준다.

맛남 중화제육면 완성!

돼지 뒷다릿살과
마늘에 된장, 고추장 양념으로
완성한 중화제육면!

맛남 돼지마늘버거

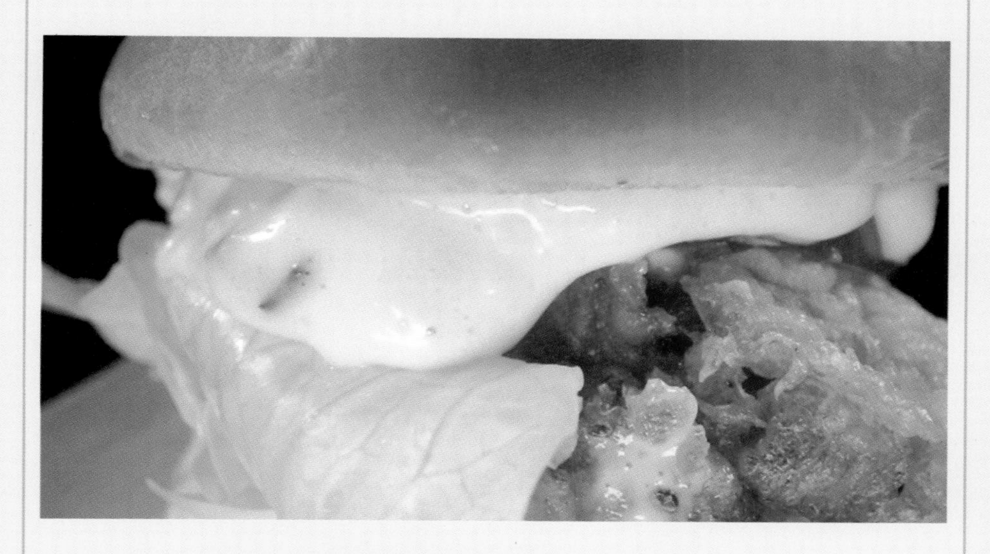

3인분

돼지고기 튀김

돼지고기 뒷다리살 150g, 맛소금 약간, 후춧가루 약간
튀김용 물반죽[튀김가루 1컵(100g), 물 5/6컵(150ml)], 식용유(튀김용)

마늘타르타르소스

다진 마늘 약 1+1/2큰술, 마요네즈 약 6큰술, 황설탕 약 1+1/2큰술
식초 1+1/2큰술, 파슬리가루 약간

돼지마늘버거

토마토 1/2개, 양파 1/4개, 양상추 3장, 슬라이스 피클 12장, 햄버거 빵 3개
버터 약간, 돼지고기 튀김, 마늘타르타르소스

돼지마늘버거도전!

마늘타르타르소스

볼에 다진 마늘 약 1+1/2큰술, 마요네즈 6큰술, 황설탕 약 1+1/2큰술, 식초 1+1/2큰술, 파슬리가루를 약간 넣고 잘 저어준다.

- 마늘의 매운맛을 줄이기 위해서는 다진 마늘을 물에 잠시 담가두었다가 체에 걸러서 물기를 뺀 후 사용하면 좋아요.

1 돼지마늘버거

토마토 1/2개와 양파 1/4개는 슬라이스 형태로 잘라주고, 양상추 3장은 햄버거 빵 사이즈로 잘라 준비한다.

2 돼지마늘버거

볼에 돼지고기 150g을 넣고 맛소금, 후춧가루를 뿌려 밑간을 해준다.

3 돼지마늘버거

튀김가루 1컵과 물 5/6컵을 잘 섞어 튀김용 물반죽을 만든 뒤 밑간한 고기에 고루 묻힌다.

4 돼지마늘버거

170도로 예열된 식용유에 튀김용 물반죽을 입힌 고기를 넣고 2분 30초 동안 튀겨준다.

맛남'S 꿀팁

"돼지고기는 약간 텁텁한 맛이 있으니 바삭하게 튀겨주세요."

5 돼지마늘버거

팬에 버터를 녹이고 햄버거 빵 안쪽 면을 올려 구운 후 양쪽 면에 마늘타르타르소스를 바른다.

6 돼지마늘버거

햄버거 빵 아래쪽에 슬라이스 피클, 양상추, 돼지고기 튀김, 소스, 양파, 토마토 순으로 올린 후 남은 햄버거 빵을 덮는다.

맛남 돼지마늘버거 완성!

바삭 고소 돼지고기튀김과
달콤매콤 마늘타르타르소스의 유혹
돼지마늘버거!

맛남 토마토돼지스튜

2~3인분

토마토돼지스튜

버터 2/5컵, 다진 마늘 약 1/2큰술, 양파 1개, 돼지고기 뒷다리살 1+1/5컵(220g)
셀러리 줄기 1/3개, 파프리카 파우더 1큰술, 고운 고춧가루 1/2큰술, 황설탕 1큰술
우스터소스 1+1/2큰술, 큐민가루 약간, 후춧가루 약간, 바질 약간, 타임 약간
넛맥 약간, 토마토 1개, 홀토마토 2/3컵, 케첩 1+1/2큰술, 빨강 파프리카 2/3개
당근 1/4개, 감자 1개, 물 3+1/2컵(630ml), 월계수 잎 1장, 맛소금 1큰술
(향신료 비율은 기호에 맞게!)

세팅

토마토돼지스튜, 사워크림 3큰술

토마토돼지스튜도전!

1

돼지고기 뒷다리살, 양파, 셀러리 줄기, 당근, 껍질 벗긴 감자를 적당한 크기로 자른다.

- 재료 양: 돼지고기 뒷다리살 1+1/5컵, 양파 1개, 셀러리 줄기 1/3개, 당근 1/4개, 껍질 벗긴 감자 1개.
- 돼지고기는 손가락 한마디 정도로 깍둑썰기 하고, 양파와 당근은 손톱 크기로 사각 썰어주세요. 셀러리 줄기는 다른 채소의 크기에 맞게 잘라주고, 감자는 껍질을 벗긴 후 6~8등분해주세요.

2

빨강 파프리카 2/3개는 꼭지와 씨를 제거한 후 믹서에 갈아 준비하고, 홀 토마토 2/3컵을 손으로 으깨어 준다.

3

토마토는 꼭지를 제거하고 뒤집어서 열십자(+)로 칼집을 넣은 후 끓는 물에 약 30초간 데쳐준다.

4

데친 토마토는 얼음물에 식혀서 껍질을 제거한 후 깍둑썰기 한다.

5

냄비를 불에 올리고 버터 2/5컵을 넣어 녹인 후 다진 마늘 1/2큰술을 넣고 볶아준다.

6

양파를 넣고 투명해질 때까지 볶다가 돼지고기 뒷다리살, 셀러리 줄기를 넣고 고기가 하얗게 익을 때까지 볶아준다.

7

파프리카 파우더, 고운 고춧가루, 황설탕, 우스터소스, 준비된 향신료와 물을 넣고 중간중간 잘 저어가며 끓인다.

- 재료 양: 파프리카 파우더 1큰술, 고운 고춧가루 1/2큰술, 황설탕 1큰술, 우스터소스 1+1/2큰술, 준비된 향신료, 물 3+1/2컵.
- 가정에서는 돼지고기, 양파, 다진 마늘, 버터, 후춧가루, 설탕만 넣어도 충분히 맛있어요.
- 홀토마토가 없으면 케첩을 더 넣고, 우스터소스가 없으면 간장을 조금 더 넣어보세요.

8

스튜가 끓으면 감자와 양파를 넣는다.

9

스튜가 가운데까지 팔팔 끓으면 맛소금으로 간을 맞춘 후 중불에서 10~12분간 바닥이 눌어붙지 않도록 잘 저어가며 끓여준다.

10

스튜가 가운데까지 끓어오르면 그릇에 담고 가운데 사워크림을 올린다.

맛남 토마토돼지스튜 완성!

침샘자극 오감만족
토마토돼지스튜!

맛남 마늘토스트

마늘소스

마요네즈 1+1/2큰술, 굵게 다진 마늘 3+1/2큰술, 달걀 약 1/3개, 중탕한 버터 1/3컵
생크림 약 1/3컵, 꽃소금 약간, 물엿 1/3컵, 파슬리가루 약간

크림소스

생크림 약 4큰술, 크림치즈 약 6큰술, 황설탕 1큰술

마늘토스트

식빵 6장, 마늘소스, 크림소스

크림소스 만들기

생크림 4큰술, 크림치즈 6큰술, 황설탕 1큰술을 잘 섞어 크림소스를 만들어 놓는다.

1 마늘소스 만들기

볼에 생크림 1/3컵, 물엿 1/3컵, 다진 마늘 3+1/2큰술, 마요네즈 1+1/2큰술, 소금 약간, 달걀 1/3개, 파슬리가루를 약간 넣고 잘 섞는다.

2 마늘소스 만들기

중탕한 버터 1/3컵을 넣어 마늘소스를 완성한다.

1 마늘토스트

잘 섞어둔 마늘소스를 식빵 한쪽 면에 듬뿍 발라준다.

2 마늘토스트

마늘소스를 바른 식빵을 에어프라이어에 넣고 180도에서 5분간 구워준다.

3 마늘토스트

마늘소스를 바르지 않은 면에 크림소스를 듬뿍 바르고 두 장의 식빵을 맞덮는다.

맛남 마늘토스트 완성!

겉엔 짭짤한 마늘소스,
속엔 달달한 크림소스
인생 마늘토스트!

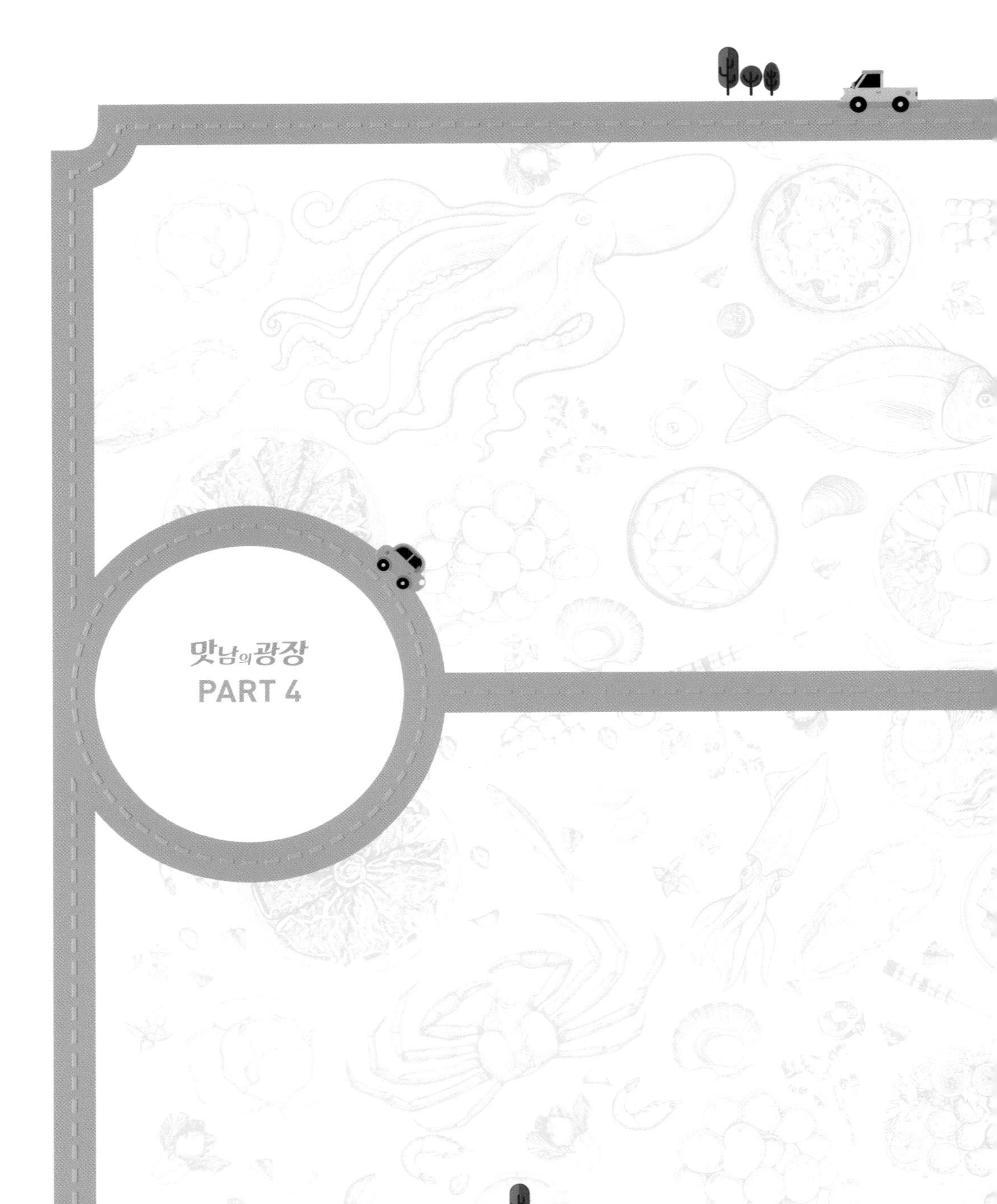

맛남의 광장

PART 4

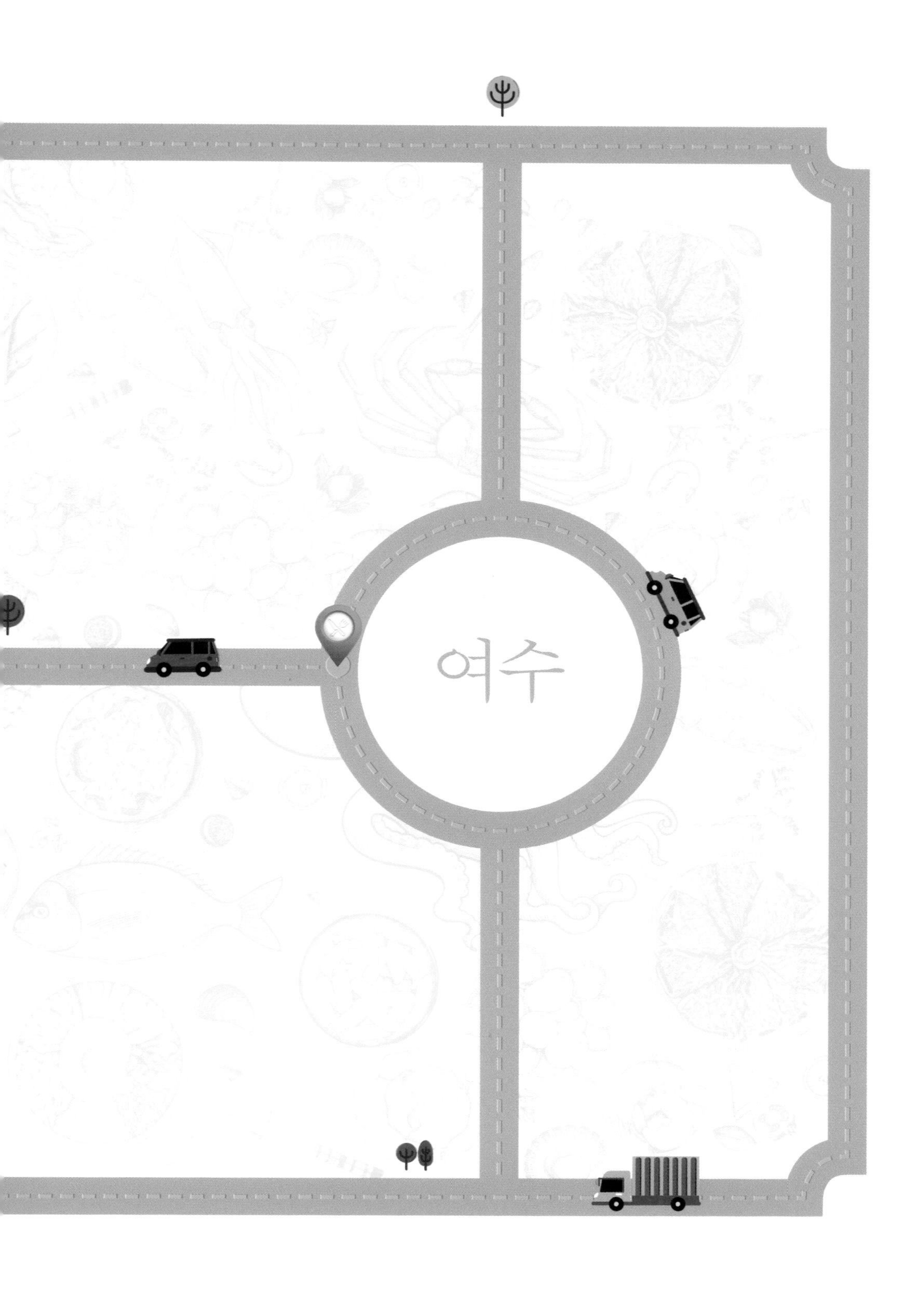
여수

MENU

맛남 갓김밥 · 맛남 갓돈찌개 · 맛남 멸치비빔국수 · 맛남 훈연멸치 가락국수

유통기한이 하루라 저장이 불가능한 생갓. 잦은 태풍으로 밭을 아예 갈아엎는 건 물론이고, 살아남은 갓들마저 수확이 늦어져 큰 피해를 입을 상황이라는데…! 돌산갓의 뛰어난 맛과 우수성을 알리기 위해 나선 〈맛남의 광장〉! 갓을 활용해 손쉽게 만들 수 있는 요리를 공개한다.

멸치

남해안의 멸치를 훈연해 탄생한 '훈연멸치'. 〈맛남의 광장〉에서 100번 이상의 연구 끝에 자체 개발에 성공하며 방송 직후 완판 기록! 이를 활용한 레시피를 소개해 일본의 가다랑어포(가쓰오부시)를 대체할 수 있는 국산 육수의 우수성을 알리고 국산 제품 사용 장려에 힘을 보태며 큰 화제를 모았다.

맛남 갓김밥

밥 밑간 · 볶은 당근

밥 3공기, 통깨 1/2큰술, 맛소금 1/2큰술, 참기름 1큰술
채 썬 당근 1/3개, 식용유, 꽃소금 약간

돼지고기 채 볶음

채 썬 돼지고기 90g, 식용유, 대파 1/4대, 진간장 1큰술, 황설탕 1큰술
다진 마늘 약1/2큰술

갓 무침

씻어서 물기를 제거한 갓김치 한 주먹(180g), 식초 1큰술, 진간장 1큰술, 황설탕 1큰술

갓김밥(3줄)

김밥 김 3장, 밑간한 밥, 김밥 단무지 3줄, 돼지고기 채 볶음, 갓 무침, 볶은 당근
달걀지단 3줄, 참기름 약간

밥 밑간

볼에 밥, 통깨, 맛소금, 참기름을 넣고 잘 비벼준다.

1 김밥 속

채 썬 당근 1/3개는 꽃소금으로 밑간해 식용유를 살짝 두른 팬에 볶고, 달걀은 잘 풀어 지단을 부친 후 단무지 굵기로 자른다.

2 김밥 속

팬에 대파로 파기름을 낸 후 채 썬 돼지고기를 넣고 볶다가 하얗게 익으면 진간장 1큰술, 황설탕 1큰술, 다진 마늘 1/2큰술을 넣고 물기가 없어질 때까지 볶는다.

3 김밥 속

씻은 후 물기 제거한 갓김치는 손가락 길이로 썰어 식초 1큰술, 진간장 1큰술, 황설탕 1큰술을 넣고 무친다.

1 갓김밥

김발에 김의 거친 부분이 위로 오도록 올린 뒤 윗부분을 손가락 한 마디 정도 남기고 밑간한 밥을 골고루 펴준 후 속재료를 올린다.

- 김밥 속재료는 갓 무침 외에 달걀지단, 볶은 당근, 돼지고기 채 볶음, 단무지 등 김밥에 들어가는 일반적인 재료들을 올리세요.
- 갓 무침은 시중에 나와 있는 갓피클로 대체할 수 있어요.

2 갓김밥

김발로 재료를 감싸 풀어지지 않도록 말아준다.

3 갓김밥

김밥 위에 참기름을 바른 후 썰어 접시에 담는다.

맛남 갓김밥 완성!

새콤달콤상콤 갓피클로 맛을 내
남녀노소 모두가
즐길 수 있는 갓김밥!

맛남 갓돈찌개

2~3인분

찌개 베이스

물 약 8컵(1.4L), 돼지고기(찌개용) 1+1/3컵(240g), 갓김치 두 주먹(320g)
다진 마늘 1+1/2큰술, 새우젓 1큰술, 굵은 고춧가루 2큰술, 국간장 1큰술, 식초 5큰술
꽃소금 1/2큰술, 황설탕 약간

갓돈찌개

찌개 베이스, 대파 1/2대, 청양고추 1개, 두부 1/2모(180g)
굵은 고춧가루 1큰술(마지막 단계 추가용), 밥

1

냄비에 물 8컵을 넣고 찌개용 돼지고기 1+1/3컵을 넣고 끓이고 충분히 끓어오르면 새우젓 1큰술을 넣는다.

2

갓김치는 먹기 좋은 크기로 자르고, 두부 1/2모는 깍둑 썰어준다.

3

냄비에 썰어놓은 갓김치, 다진 마늘1+1/2큰술, 굵은 고춧가루 2큰술, 국간장 1큰술, 꽃소금1/2큰술, 황설탕을 약간 넣는다.

4

끓기 시작하면 중불로 줄이고 두부, 송송 썬 대파와 청양고추를 넣는다.

5

재료가 푹 무르면 마무리로 식초 5큰술을 넣는다.

- 물이 끓기 전에 고기를 넣어 오랫동안 우려내면 돼지 기름이 나와 맛이 더 좋아요. 적은 양일 때는 돼지고기를 볶아 넣으세요.
- 꽃소금과 식초는 갓김치의 간과 익음 정도에 따라 양을 조절하세요.
- 묵은 갓김치는 물에 빨아 들기름에 볶아도 좋아요.

맛남 갓돈찌개 완성!

갓으로 불러온
식탁 위의 평화 갓돈찌개!

맛남 멸치비빔국수

3인분

비빔국수 양념장

식용유3큰술, 참기름 3큰술, 대파 1/2대, 진간장 2큰술, 황설탕 2큰술, 후춧가루 약간
다진 마늘 2+1/2큰술, 노추(노두유) 1큰술, 꽃소금 약간, 물 약 2컵

볶음 야채

당근 1/6개, 주키니 호박 1/3개, 양파 1/3개, 꽃소금 약간, 식용유(볶음 야채용)

멸치비빔국수

냉동 소면 3개, 비빔국수 양념장, 참기름 1큰술, 볶음 야채, 청상추 4장, 조미 김가루
간 깨 1큰술, 튀긴 잔멸치 1컵

멸치비빔국수 도전!

1 비빔국수 양념장

식용유 3큰술을 두르고 송송 썬 대파 1/2대를 넣어 파 기름을 낸다.

2 비빔국수 양념장

참기름 3큰술, 황설탕 2큰술, 진간장 2큰술, 노추(노두유) 1큰술을 넣는다.

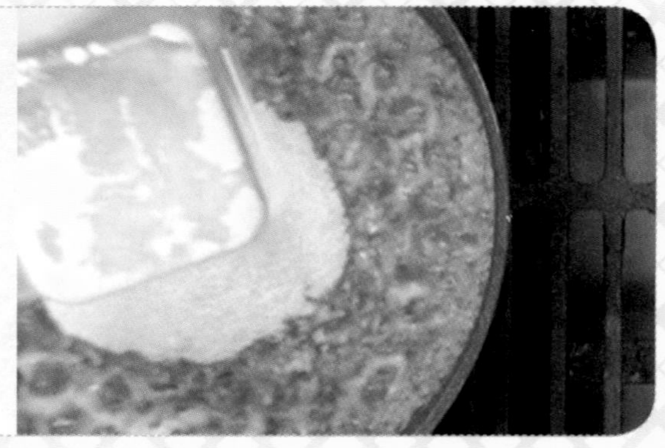

맛남'S 꿀팁

"노추가 없을 경우 진간장 4큰술을 넣으세요."

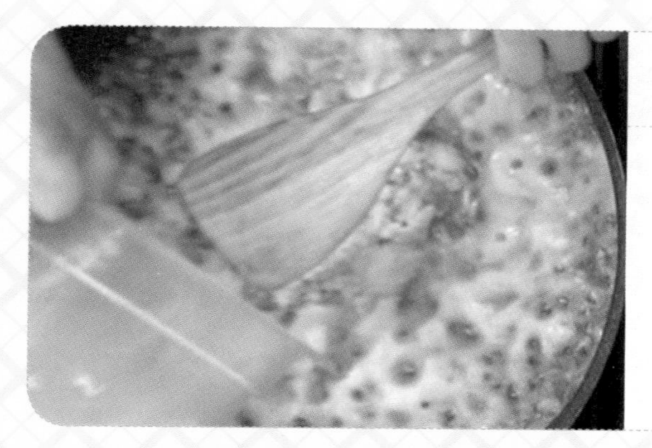

3 비빔국수 양념장

후춧가루 약간, 물 2컵, 다진마늘 2+1/2큰술을 넣고 끓인다.

1 멸치비빔국수

팬에 식용유를 둘러 달군 후 채 썬 양파 1/3개, 당근 1/6개, 주키니 호박 1/3개를 넣고 소금 간을 해 볶는다.

2 멸치비빔국수

볶은 야채는 넓은 쟁반에 펼쳐 식혀준다.

3 멸치비빔국수

예열된 기름에 잔멸치 1컵을 넣고 2분 30초간 튀긴 후 체에 밭쳐 기름을 빼준다.

4 멸치비빔국수

노릇노릇하게 튀긴 잔멸치에 설탕과 맛소금을 넣어 섞는다.

5 멸치비빔국수

끓는 물에 소면을 삶은 뒤 찬물에 헹궈 건져둔다.

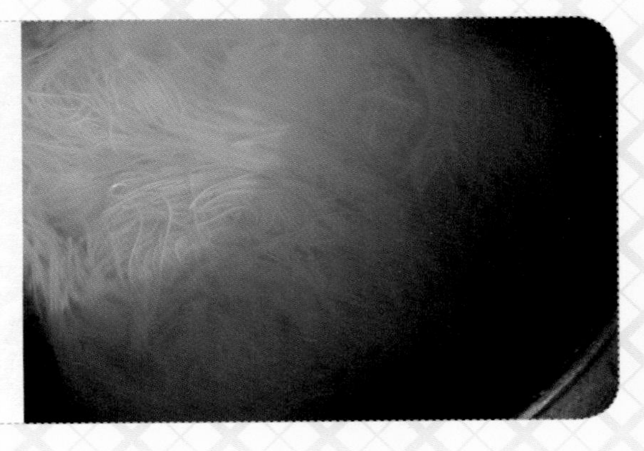

6 멸치비빔국수

소면 중앙에 비빔국수 양념장을 담고 볶음 야채, 청상추, 조미 김가루, 튀긴 잔멸치를 돌려 담는다.

7 멸치비빔국수

참기름과 간 깨를 올려 마무리한다.

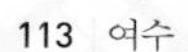

맛남 멸치비빔국수 완성!

아삭아삭 재밌는 식감
묘한 행복 멸치비빔국수!

맛남 훈연멸치 가락국수

훈연멸치 육수 베이스

손질한 훈연멸치 1컵(약52g), 물 9컵(1.6L), 껍질 있는 양파 1/4개, 무 조금
다시마 6조각, 대파 1/2대
(육수를 우려낼 때, 채소의 양은 취향에 맞게 넣으세요.)

훈연멸치 육수

훈연멸치 육수 베이스, 국간장 2+1/2큰술, 진간장 8큰술, 맛술 5+1/2큰술
황설탕 2/3큰술

훈연멸치 가락국수

훈연멸치 육수, 냉동 우동면 3개, 대파(고명용), 유부 채(고명용), 불린 자른 미역(고명용)

1 육수 베이스

훈연멸치 1컵은 내장을 떼어 제거하고 무 1/10개, 껍질 있는 양파 1/4개, 대파 1/2대는 큼직하게 썰어 준비한다.

2 육수 베이스

냄비에 손질한 훈연멸치, 물, 껍질 있는 양파, 무, 대파를 넣고 끓어오르면 30분 이상 푹 끓인다.

맛남's 꿀팁

"양파 껍질은 영양소가 풍부하고 물에 끓여도 영양소 보존이 가능하며 비린내 잡기에도 탁월해요. 양파 껍질을 모아놨다가 각종 육수를 낼 때 꼭 활용해보세요."

3 육수 베이스

다시마를 넣고 15분 더 끓여준 후 체에 걸러 채소와 훈연멸치, 다시마를 빼낸다.

육수

훈연멸치 육수 베이스에 국간장 2+1/2큰술, 진간장 8큰술, 맛술 5+1/2큰술, 황설탕 2/3큰술을 넣어준다.

1 훈연멸치 가락국수

끓는 물에 냉동 우동면을 넣고 잘 풀어준 후 물기를 털어 그릇에 담는다.

2 훈연멸치 가락국수

끓인 훈연멸치 육수를 부어 준 후, 면 위에 불린 자른 미역, 송송 썬 대파, 유부 채를 올린다.

맛남 훈연멸치 가락국수 완성!

역사를 바꿀 맛,
훈연멸치 가락국수!

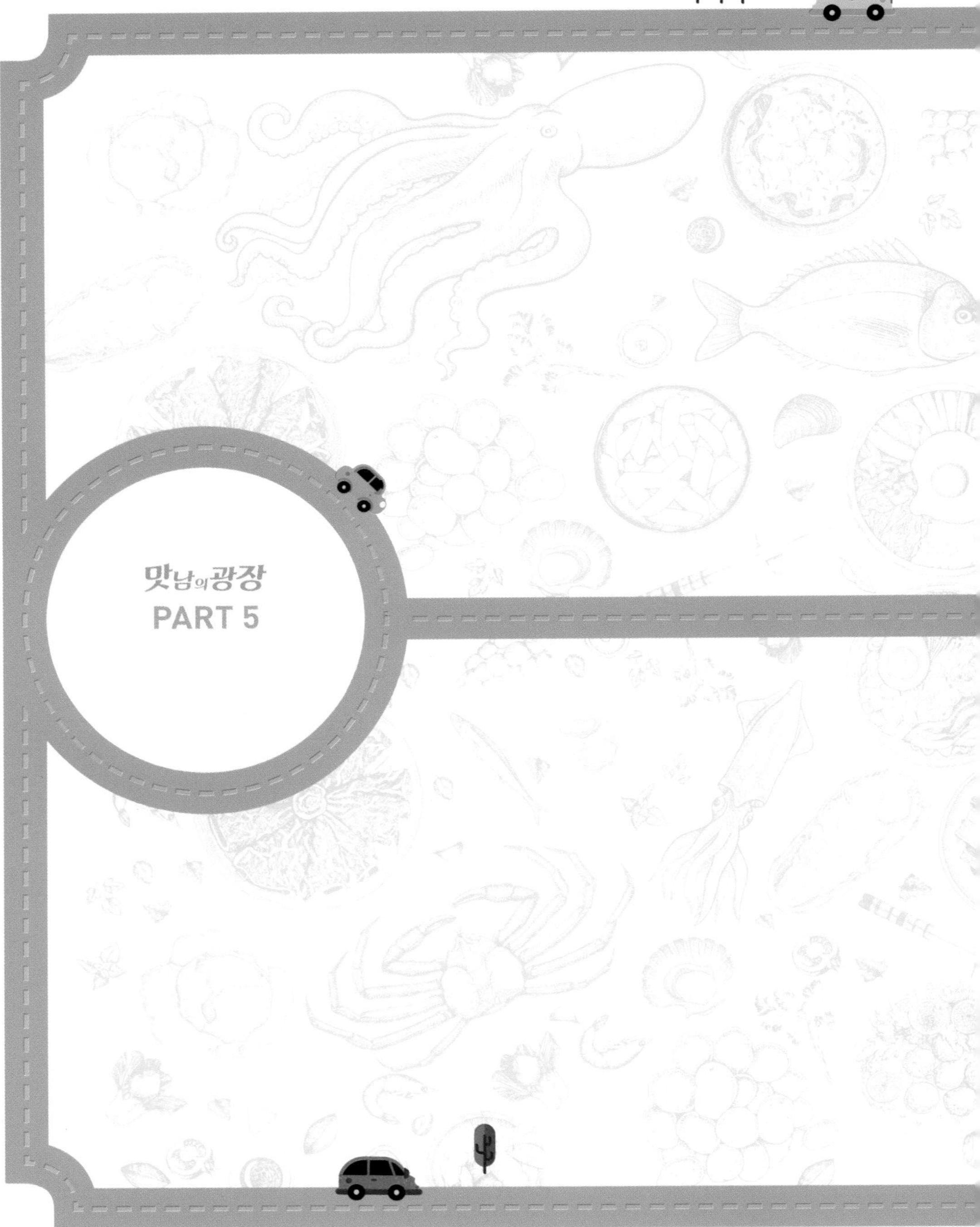

맛남의 광장

PART 5

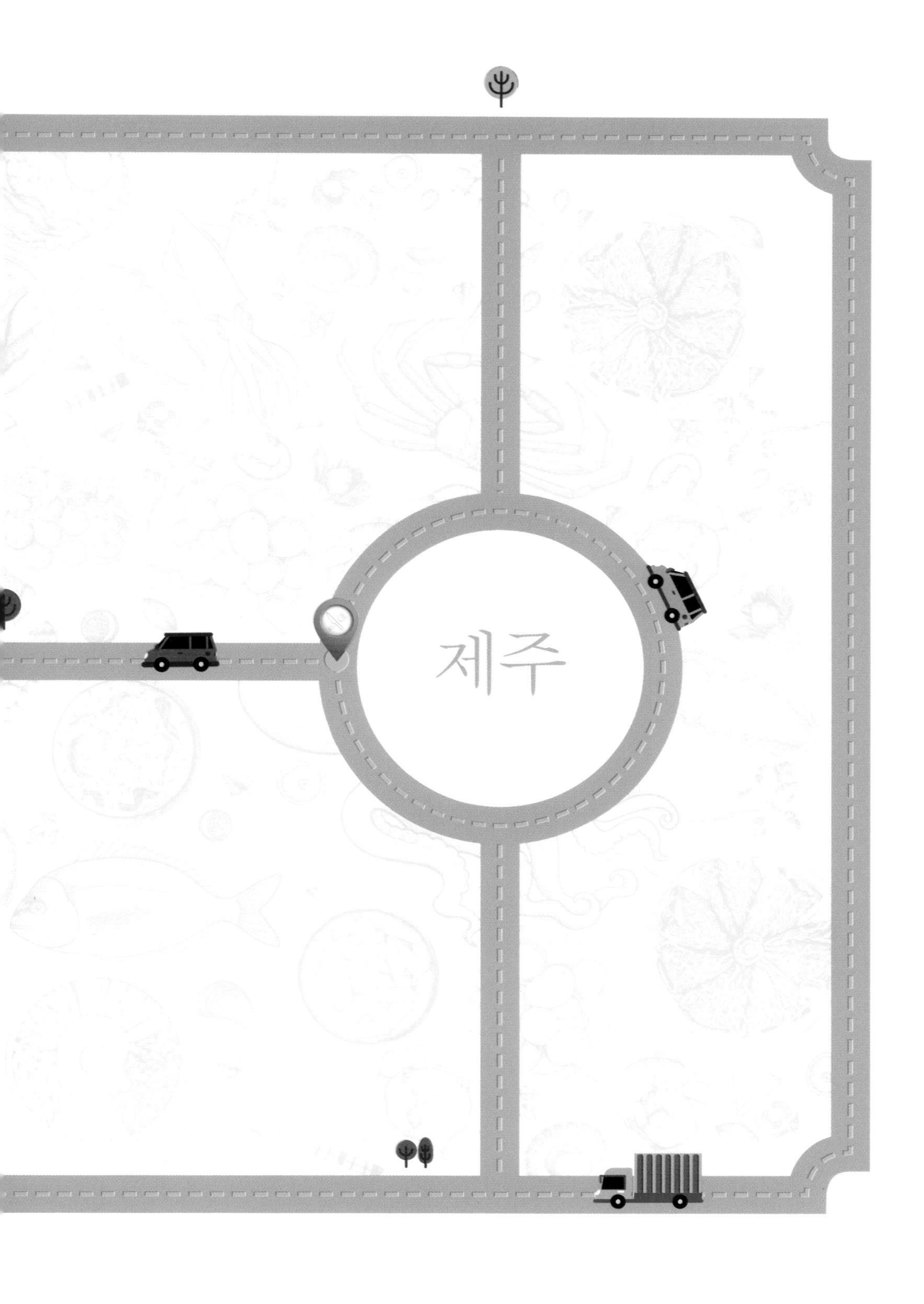
제주

MENU

맛남 광어밥 · 맛남 광어조림 · 맛남 광어구이 ·

맛남 귤주스 · 맛남 당근귤주스 · 맛남 당팥죽 · 맛남 당근찹쌀도넛

감귤

연이은 태풍과 지속적인 비로 감귤 당도가 늦게 올라 "올해 귤은 맛없다"는 인식이 생겨버린 제주 감귤. 당도가 충분히 올랐음에도 소비 부진으로 인해 멀쩡한 귤을 가공용으로 처리할 수밖에 없는 상황. 이에 〈맛남의 광장〉에서는 제주 감귤의 높은 품질을 입증하고, 어려움을 겪고 있는 귤주 공장의 이야기를 전한다.

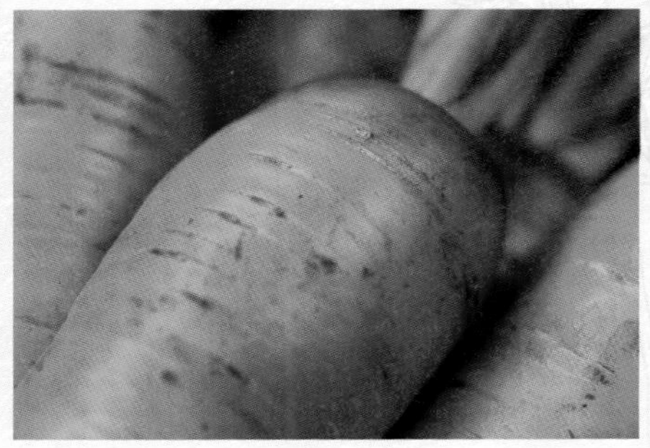

당근

전국 당근 생산량의 64%를 차지하는 제주 당근. 태풍 피해로 생산량이 줄고, 수입산 당근 소비가 증가하면서 제주도 내 당근 밭이 줄어드는 상황. 품질 좋은 제주 당근을 활용한 메인 요리부터 디저트까지 손쉽게 따라 할 수 있는 레시피를 개발해 당근 소비 촉진에 힘을 실었다.

광어

국내 양식 광어 생산량의 60% 이상을 차지하는 제주. 공급 과잉으로 가격이 폭락하고 소비가 줄어 광어가 쌓여가는 상황. 이에 집에서도 손질하기 쉬운 작은 사이즈의 광어를 활용한 레시피를 개발해 제주 광어 살리기에 나섰다.

맛남 광어밥

어육수

작은 광어 1마리, 물 2.5L

광어밥 육수

어육수, 고추장 약 2큰술, 재래식 된장 약 3큰술, 국간장 1+1/2큰술
굵은 고춧가루 2큰술, 고운 고춧가루 2큰술, 후춧가루 약간, 꽃소금 조금

광어밥

양파 1개, 대파 1대, 고명용 대파 1/4대, 숙주 한 주먹, 주키니 호박 1/4개
청양고추 1~2개, 후춧가루 약간, 불린 당면, 밥 3공기

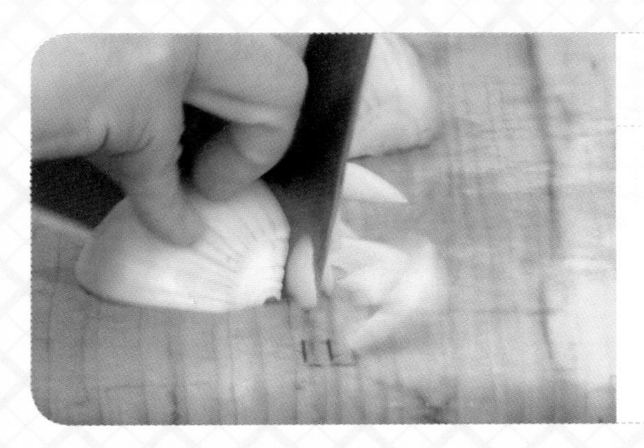

1

양파 1개와 주키니 호박 1/4개는 얇게 채 썰고, 청양고추 1~2개는 얇게 송송 썬다. 대파 1대는 길게 썬다.

2

광어는 내장, 지느러미, 비늘을 제거하고 손질한다.

3

냄비에 물 2.5L, 손질한 광어를 넣고 30분간 끓인 후 체에 밭쳐 국물과 건더기를 분리해서 식혀준다.

4

건더기는 살을 발라내 믹서에 생선 우린 물 한 국자를 함께 넣고 곱게 갈아준다.

- 고기 뼈를 넣고 우리듯 생선뼈로 육수를 우려내면 개운한 맛이 나요.

5

갈아놓은 살을 굵은 체에 거른 후 국물과 섞어준다.

6

고추장 2큰술, 재래식 된장 3큰술, 국간장 1+1/2큰술, 굵은 고춧가루·고운 고춧가루 각 2큰술, 후춧가루 약간, 꽃소금을 조금 넣고 잘 저은 뒤 끓여준다.

7

육수가 끓기 시작하면 양파, 대파, 주키니 호박, 청양고추, 숙주를 넣고 채소가 숨죽을 때까지 끓여준다. 숙주는 제일 마지막에 넣어준다.

8

그릇에 불린 당면과 밥을 담고 끓여놓은 광어밥 육수를 담아준 후 송송 썬 대파, 후춧가루를 뿌린다.

맛남 광어밥 완성!

밥을 말아
국밥 스타일로 즐기는
광어밥!

맛남 광어조림

광어조림(1마리)

작은 광어 1마리, 무 1/2개, 다시마 2조각, 꽈리고추 3~4개, 대파 1/2대
홍고추 1개, 양파 1/2개

양념소스

진간장 5큰술. 맛술 5큰술, 황설탕 5큰술, 다진생강 1/2큰술, 물

1

내장, 지느러미, 비늘을 제거한 광어는 앞뒤에 2cm 간격으로 칼집을 넣는다.

2

무 1/2개는 나박나박 썰어주고, 꽈리고추 3~4개는 2~3등분으로 썰고 대파 1/2대, 홍고추 1개, 양파 1/2개는 송송 썬다.

3

볼에 맛술, 황설탕, 진간장을 각각 5큰술씩과 다진 생강 1/2큰술을 넣어 섞는다.

4

냄비에 광어를 넣고 손질한 무와 다시마 2조각을 넣은 뒤 광어가 잠기도록 소스와 물을 넣는다.

5

광어 위에 손질한 양파, 대파, 홍고추, 꽈리고추를 얹고 소스를 끼얹어주면서 7~8분간 조린다.

- 단맛이 싫으면 설탕을 줄이면 돼요.
- 광어를 조리다가 국물이 부족해지면 물을 조금씩 부어가며 간이 잘 배어들도록 충분히 조리세요.

맛남 광어조림 완성!

촉촉한 양념장에서
헤엄치는 매콤달콤 광어조림!

맛남 광어구이

광어구이(1마리)

작은 광어 1마리, 맛소금 조금, 후춧가루 약간, 튀김가루 2/5컵(40g)
식용유(튀김용) 적당량, 대파 1/2대, 홍고추 1개, 청양고추 1개, 다진 마늘 1큰술
황설탕 1큰술, 진간장 7큰술, 굵은 고춧가루 1/2큰술, 깨소금 1큰술

1

내장, 지느러미, 비늘을 제거한 광어는 등과 배 양쪽 면에 2cm 간격으로 칼집을 넣고 맛소금 조금, 후춧가루를 약간 뿌려 밑간한다.

2

밑간한 광어는 양쪽 칼집 사이사이에 튀김가루 2/5컵을 골고루 묻힌다.

3

깊이가 깊은 팬에 식용유를 넉넉히 둘러주고 그 위에 튀김가루를 입힌 광어를 넣는다.

4

볼에 잘게 썬 대파 1/2대, 홍고추와 청양고추 각1개와 다진 마늘 1큰술, 황설탕 1큰술, 진간장 7큰술, 굵은 고춧가루 1/2큰술, 깨소금 1큰술을 넣고 섞는다.

- 밥그릇보다 조금 작은 그릇에 손질한 채소를 먼저 넣고 다진 마늘, 설탕까지 넣은 후, 다른 재료들이 살짝 잠길 만큼 간장을 넣으면 간 맞추기가 쉬워요.

5

튀긴 광어 위에 양념장을 올린다.

맛남 광어구이 완성!

고급식당 안 부러운
광어 FLEX, 광어구이!

맛남 귤주스

3인분

껍질 제거한 귤 1kg (귤 L사이즈 약 10 ~ 12개)

1

귤 껍질을 깐다.

2

착즙기에 깐 귤을 넣고 착즙한다.

3

착즙한 귤즙을 컵에 담는다.

맛남 귤주스 완성!

상큼달콤 귤주스!

제주 감귤과 당근으로 건강한 겨울나기

"우리가 당근귤주스를 팔면
제주 당근과 감귤을 홍보하는 거지요.
모든 농민들 힘내셨으면 좋겠습니다."

맛남 당근귤주스

3인분

껍질 제거한 귤 1kg(귤 L사이즈 약 10 ~ 12개), 당근 1 +1/2개

1

당근은 믹서에 넣기 좋은 크기로 썬다.

2

껍질을 제거한 귤과 적당히 썬 당근을 믹서에 곱게 간다.

3

체에 거르거나 착즙기에 내려 컵에 담아준다.

맛남 당근귤주스 완성!

베타카로틴 폭탄,
당근귤주스!

맛남 당팥죽

당팥죽

당근 2개, 물 약 4+1/2컵(800ml), 물 8큰술(농도 맞추는 용), 습식 쌀가루 약 5큰술
꽃소금 약 1/2큰술

세팅

당팥죽, 통팥 3큰술(120g)

1

냄비에 물 4+1/2컵, 손가락 한 마디 정도로 썰어놓은 당근 2개를 넣고 7분간 삶은 후 한 김 날려준다.

2

믹서에 삶은 당근과 당근 삶은 물을 넣고 곱게 갈아준다.

3

냄비에 갈아놓은 당근을 넣고 잘 저어가며 3분간 끓여준다.

4

쌀가루 5큰술과 물을 부어 가며 잘 저어서 농도를 맞춘 후 꽃소금 1/2큰술을 넣어 밑간한다.

맛남'S 꿀팁

"소금을 넣어주면 당근의 단맛이 극대화돼요."

5

그릇에 당근 죽을 담고 중앙에 통팥 3큰술을 올린다.

맛남 당팥죽 완성!

맛의 선입견을 깬
당근의 새로운 변신
당팥죽!

맛남 당근찹쌀도넛

당근찹쌀도넛 14개

당근찹쌀도넛 반죽

흑설탕 96g, 습식 찹쌀가루 480g, 밀가루 중력분 약 88g, 꽃소금 4g, 식소다 1g
베이킹파우더 24g, 100°C 끓는 물 약 1컵, 백설탕 36g, 계핏가루 1g

당근찹쌀도넛 크림치즈 속

당근 2 ~ 3개, 분당(슈거파우더) 46g(당근 볶기용), 분당(슈거파우더) 52g
크림치즈 19g, 버터 96g

* 베이킹재료라 정확한 무게로 표기하였습니다.

1 찹쌀도넛

흑설탕, 습식 찹쌀가루, 밀가루 중력분, 꽃소금, 식소다, 베이킹파우더를 넣고 끓는 물 1컵을 3번 나누어 넣어가며 반죽하다 하나로 뭉쳐지면 멈춘다.

- 반죽재료 양: 흑설탕 96g, 습식 찹쌀가루 480g, 밀가루 중력분 약 88g, 꽃소금 4g, 식소다 1g, 끓는 물 약 1컵.
- 반죽기를 사용할 경우 저속으로 믹싱하세요.

2 찹쌀도넛

완성된 반죽은 아기 주먹만큼 분할해 둥글게 굴린다.

3 찹쌀도넛

180도로 예열된 기름에 둥근 반죽을 넣고 체로 굴려가며 8분간 튀긴다.

4 찹쌀도넛

백설탕과 계핏가루를 섞은 뒤 튀긴 찹쌀도넛에 골고루 묻히고 실온에서 식힌다.

1 당근크림치즈 속

당근을 잘게 다진 후 분당(슈거파우더/46g)을 넣고 수분이 없어질 때까지 볶은 뒤 식힌다.

- 분당이 없을 경우 백설탕을 믹서에 곱게 갈아쓰면 돼요.

2 당근크림치즈 속

크림치즈 19g, 버터 96g, 분당(슈거파우더/52g)을 섞는다.

3 당근크림치즈 속

볶은 당근을 넣고 섞는다.

1 당근찹쌀도넛

식혀놓은 찹쌀도넛 윗부분을 가위로 2cm가량 잘라 구멍을 낸다.

2 당근찹쌀도넛

짤주머니에 당근크림치즈 속을 채운다.

3 당근찹쌀도넛

찹쌀도넛 구멍 안에 짤주머니를 대고 당근크림치즈가 도넛 위로 살짝 올라올 정도로 속을 채운다.

맛남 당근찹쌀도넛 완성!

겉바속촉 찹쌀도넛에
화룡점정 당근크림치즈 속이 어우러진
역대급 메뉴 당근찹쌀도넛!

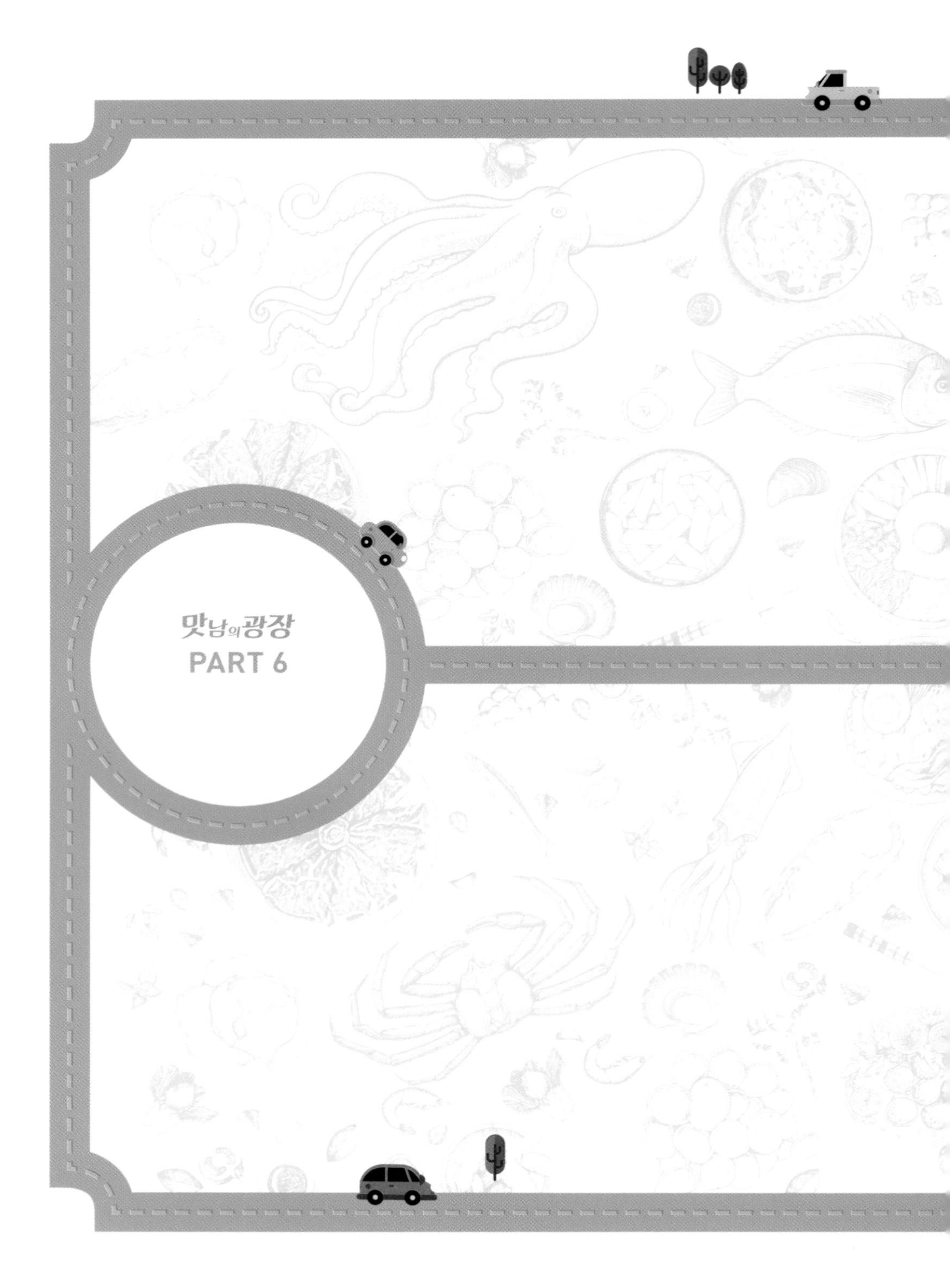
맛남의 광장
PART 6

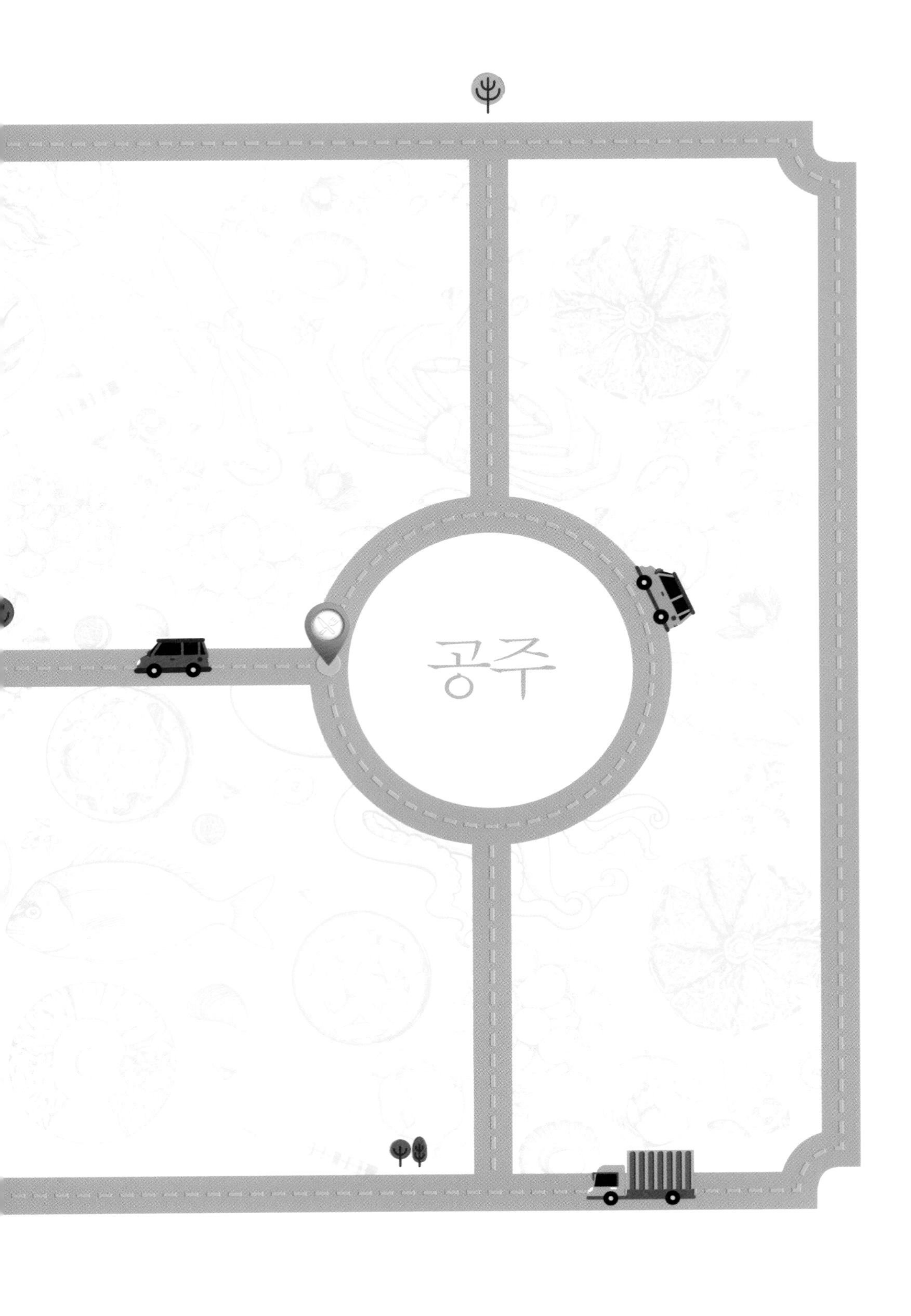
공주

MENU

맛남 밤밥 백반 · 맛남 밤팥 아이스크림 · 맛남 딸기 티라미수

밤

태풍 피해와 이른 추석으로 대목을 놓친 공주 밤. 쌓여 있는 재고 때문에 가격까지 폭락해 이중고를 겪고 있다는데! 게다가 소비자들은 밤을 제수용으로만 생각한다고…. 이런 고정관념을 깨뜨릴 수 있는 레시피 연구와 더불어 마트와 협업해 에어프라이어용 칼집 밤을 판매하며 판로를 개척해 공주 밤 살리기에 나섰다.

딸기

90% 이상 일본 품종이었던 딸기. 하지만 이젠 뛰어난 맛과 품질의 국산 품종 개발로 수출까지 하는 한국 농산물 효자 품목이 됐다는데! 그럼에도 불구하고 설 명절 이후부터는 가격이 점점 하락하고, 특히 3월부터는 생산량이 대폭 증가해 가격이 더욱 떨어지는 상황이라고…! 이에 가정에서 누구나 따라 할 수 있는 디저트를 개발해 건강하고 달콤한 레시피를 공개했다.

맛남 밤밥 백반

3~4인분

달래 양념장

다진 돼지고기 2/3컵(120g), 달래 한 주먹, 청양고추 1개, 진간장 약 3/4컵(135g)
황설탕 2큰술, 다진 마늘 1큰술, 고운 고춧가루 2/3큰술, 굵은 고춧가루 1+1/2큰술
통깨 2큰술, 참기름 4큰술

밤밥

깐 밤 10개, 불린 쌀(3~4인분), 물
(취향에 따라 밤을 넣어주세요.)

시금치 된장국

재래식 된장 3큰술, 물 5+1/2컵, 시금치 1/2단, 대파 1/2대, 다진 마늘 1/2큰술
건새우 반 주먹, 굵은 고춧가루 조금

1 밤밥

깐 밤 10개를 준비한다. (취향에 따라 밤 개수를 늘려도 돼요.)

2 밤밥

전기밥솥에 불린 쌀, 물을 넣고 밤을 위에 올려 취사한다.

맛남'S 꿀팁

"생밤은 수분이 가득해서 밤밥을 지을 때 재료가 늘어난 만큼 물을 더 넣을 필요가 없어요."

1 달래 양념장

달래는 깨끗이 씻어서 먹기 좋은 길이로 썰고, 청양고추 1개는 잘게 썰어준다.

2 달래 양념장

팬에 다진 돼지고기 2/3컵과 간장 3/4컵, 황설탕 2큰술을 넣고 고기가 뭉치지 않게 잘 저어가면서 끓인 후 식혀둔다.

3 달래 양념장

식힌 간장에 달래, 청양고추, 다진 마늘 1큰술, 고운 고춧가루 2/3큰술, 굵은 고춧가루 1+1/2큰술, 참기름 4큰술, 통깨 2큰술을 넣고 잘 섞어준다.

1 시금치 된장국

대파 1/2대는 송송 썰어 준비한다.

2 시금치 된장국

냄비에 물 5+1/2컵, 다진 마늘 1/2큰술을 넣고 된장 3큰술을 잘 풀어준다.

- 달래 양념장을 만들 때 다진 돼지고기와 간장을 비슷한 비율로 넣어요.
- 쌀뜨물로 국을 끓이면 양념을 잘 잡아줘서 국물이 훨씬 구수해져요.

3 시금치 된장국

국물이 끓어오르면 건새우 반 주먹을 잘게 썰어 넣고 고춧가루를 조금 넣은 후 끓여준다.

4 시금치 된장국

시금치를 넣고 시금치가 약간 숨이 죽으면 송송 썬 대파를 넣고 불을 꺼준다.

세팅

그릇에 각각 밤밥, 달래 양념장, 시금치 된장국을 담아 세팅한다.

맛남 밤밥 백반 완성!

달콤한 밤밥과
알싸한 달래의 조합,
밤밥 백반!

맛남 밤팥 아이스크림

3인분

밤팥소스

삶은 밤 5～6개, 물 2컵, 통팥 통조림 7큰술

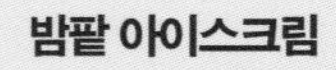

밤팥 아이스크림

바닐라 아이스크림, 밤팥소스, 뻥튀기 3장

밤팥소스

냄비에 삶은 밤 5~6개, 물 2컵, 통팥 통조림 7큰술을 넣고 끓기 시작하면 약불로 줄이고 10분간 저어가며 끓인 후 차갑게 식혀준다.

1 밤팥 아이스크림

아이스크림 스쿱으로 바닐라 아이스크림 3덩이를 떠서 접시에 담고 아이스크림 위에 밤팥소스를 올려준다.

2 밤팥 아이스크림

뻥튀기를 4등분한 후 아이스크림 접시 양옆에 올린다.

맛남 밤팥 아이스크림 완성!

달달구리의 끝판왕
밤팥 아이스크림!

맛남 딸기 티라미수

딸기 버무림

딸기 중간 크기 18 ~ 20개, 백설탕 2큰술, 레몬주스 3큰술

치즈 크림

마스카포네 치즈 2/3컵, 생크림 2/5컵, 백설탕 4큰술

맛남 딸기 티라미수

딸기 버무림, 치즈 크림, 애플민트

딸기 버무림

딸기는 꼭지를 제거한 후 잘게 깍둑썰기하고 백설탕 2큰술, 레몬주스 3큰술을 넣어 잘 섞어준다.

치즈 크림

볼에 생크림 2/5컵, 백설탕 4큰술을 넣고 크림이 단단하게 일어날 때까지 거품기로 쳐준 후 마스카포네 치즈 2/3컵을 넣고 잘 섞는다.

1 딸기 티라미수

투명 용기(210ml)에 딸기 버무림을 1큰술을 깔고 그 위에 치즈 크림 1큰술을 올린다.

- 딸기 버무림과 치즈 크림을 2번 이상 반복해 올려요. 딸기와 크림 사이에 층이 생기게 잘 조절하세요.

2 딸기 티라미수

딸기 티라미수 중앙에 애플 민트 잎을 올린다.

맛남 딸기 티라미수 완성!

역대급 비주얼
딸기 티라미수!

맛남의광장
SPECIAL

어느 농부의 일기

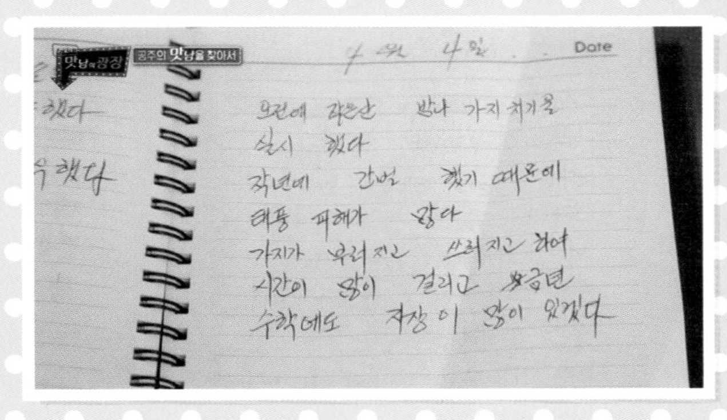
맛남의광장
공주의 맛남을 찾아서
Date

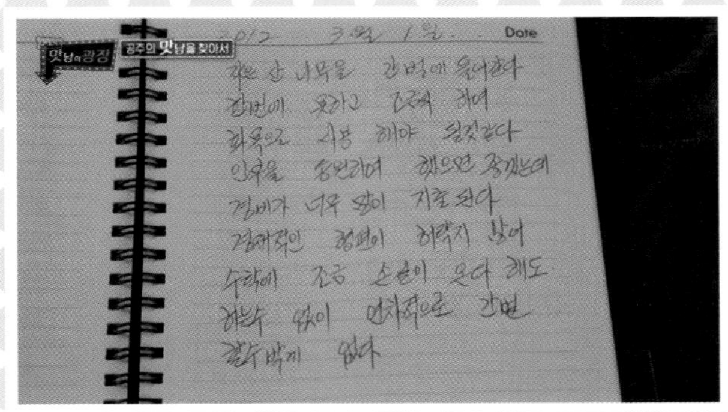
맛남의광장
공주의 맛남을 찾아서
Date

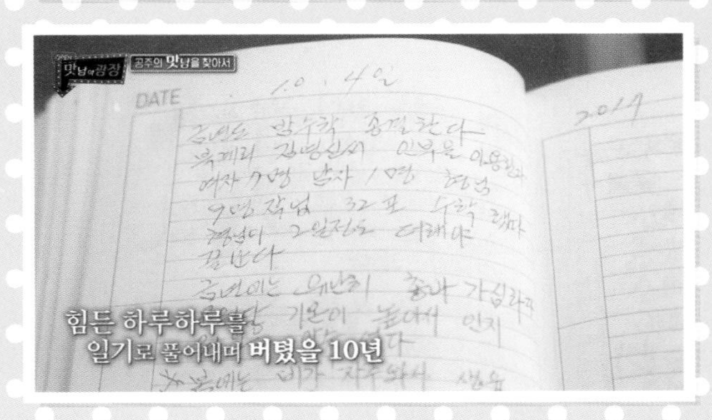
맛남의광장
공주의 맛남을 찾아서
DATE
힘든 하루하루를
일기로 풀어내며 버텼을 10년

못난이 농산물과 착한 소비자의 맛남

전국 각지를 다니며 농민들의 다양한 고충을 들으면서 가장 마음 아팠던 것은 농산물도 예뻐야 잘 팔린다는 사실이었다. 일명 '못난이'라고 불리는 농산물들은 맛과 품질에 전혀 문제가 없는데도 헐값에 겨우 팔리거나 폐기 대상이 되기 일쑤다. '못난이' 농작물은 크게 두 가지로 나눌 수 있다. 첫 번째는 '못난이'라는 이름에 걸맞게 울룩불룩 모양이 고르지 않아 '못난이'가 되는 경우다. 강릉에서 만난 못난이 감자가 그랬다. 동글동글 모양이 완만하고 예쁜 상품들은 제값을 받고 전국에 팔리거나, 기계에 넣어 깎기가 편해 감자 스낵의 재료로 쓰이거나, 다음 해 파종할 씨감자로 팔린다. 그런데 울퉁불퉁 못난이 감자는 기계에 넣어 깎기 힘들다는 이유로, 마트에서 찾지 않는다는 이유로 엄청난 양이 저온 창고에 잠들어 있다. 실제로 프로그램을 통해 만난 한 농민의 창고에는 못난이 감자가 30톤이나 있었다.

전국으로 따지면 어마어마한 규모의 못난이 감자가 더 있을 것이다. 농민의 말에 따르면, 감자가 울퉁불퉁하게 자라는 원인은 아직 밝혀지지 않았다고 한다. 심지어 감자를 심어 수확하면 30% 정도가 못난이 감자라고 한다. 그저 열심히 농사를 지어도 이유도 모른 채 3분의 1가량의 수확물이 못난이 취급을 받는 것이다. 그렇게 저온 창고에 보관해두었던 못난이 감자는 헐값으로라도 팔지 못하면 폐기해야 한다.

두 번째는 단지 크기가 너무 크다는 이유로 '못난이 농산물'이 되는 경우다.

포장 상자에 담아내기에 크다는 이유로 외면받는 것이다. 해남의 한 마을에선 크다는 이유로 '왕고구마'라 불리는 고구마들이 450톤이나 저온 창고에 쌓여 있었다.

30년 가까이 고구마 농사를 지었다는 한 농민은 예전에는 작물이 튼실하게 잘 자라기만 하면 됐지만, 요즘은 눈으로 먹는 세상이라 규격에 맞게 농사지어야 제값을 받을 수 있다며, 그야말로 농사가 잘되어도 수익을 내기 힘들다고 한숨지었다.
두 경우 모두 태풍, 장마, 가뭄보다 바로 우리의 선입견이 농민들을 더 힘들게 하는 이유다. 우리가 만난 농민들은 하나같이 '못난이 농작물'이 맛이 떨어지지 않으며 오히려 더 맛이 좋을 수도 있다고 강조했다.

농사는 하늘이 짓는 것이라는 말이 있다. 농민들이 땀 흘려 노력해도, 농기구가 아무리 발전해도 농작물의 상태는 농민들의 힘으로 어찌할 수 있는 것이 아니라는 뜻이다. '못난이 농작물' 역시 마찬가지다. 맛도 영양도 아무런 문제가 없는, 단지 생김새만 조금 다른 '못난이 농작물'이 수백 톤에 이르는 어마어마한 양이 쌓이면서 농민들의 시름이 깊어지고 있다.

다양한 식자재를 직접 키운 농어민들은 우리 땅 곳곳에서 자라는 농수산물의 숨은 매력을 알고 있는 최고의 전문가다. 그 매력을 시청자들에게 알려주는 것이 〈맛남의 광장〉 출연자, 농벤져스의 역할이다.

이런 노력이 빛을 발하기 위해서는 시청자들의 도움이 필요하다.
이 프로그램을 본 시청자들이 흔쾌히 좋은 일에 동참하는 착한 소비에 나선다면 금상첨화 아니겠는가. 그런데 다행히 지금까지 시청자들은 이런 기획 의도에 기꺼이 동참해주었다. 앞으로도 우리나라 방방곡곡을 다니며 잊혀지고 있는 지역 특산품, 천덕꾸러기로 취급받는 못난이 농수산물을 알리고, 쉽고 따라 하기 쉬운 다양한 요리법을 알리는 데 〈맛남의 광장〉 제작진 전원은 힘쓰고 노력할 것이다.

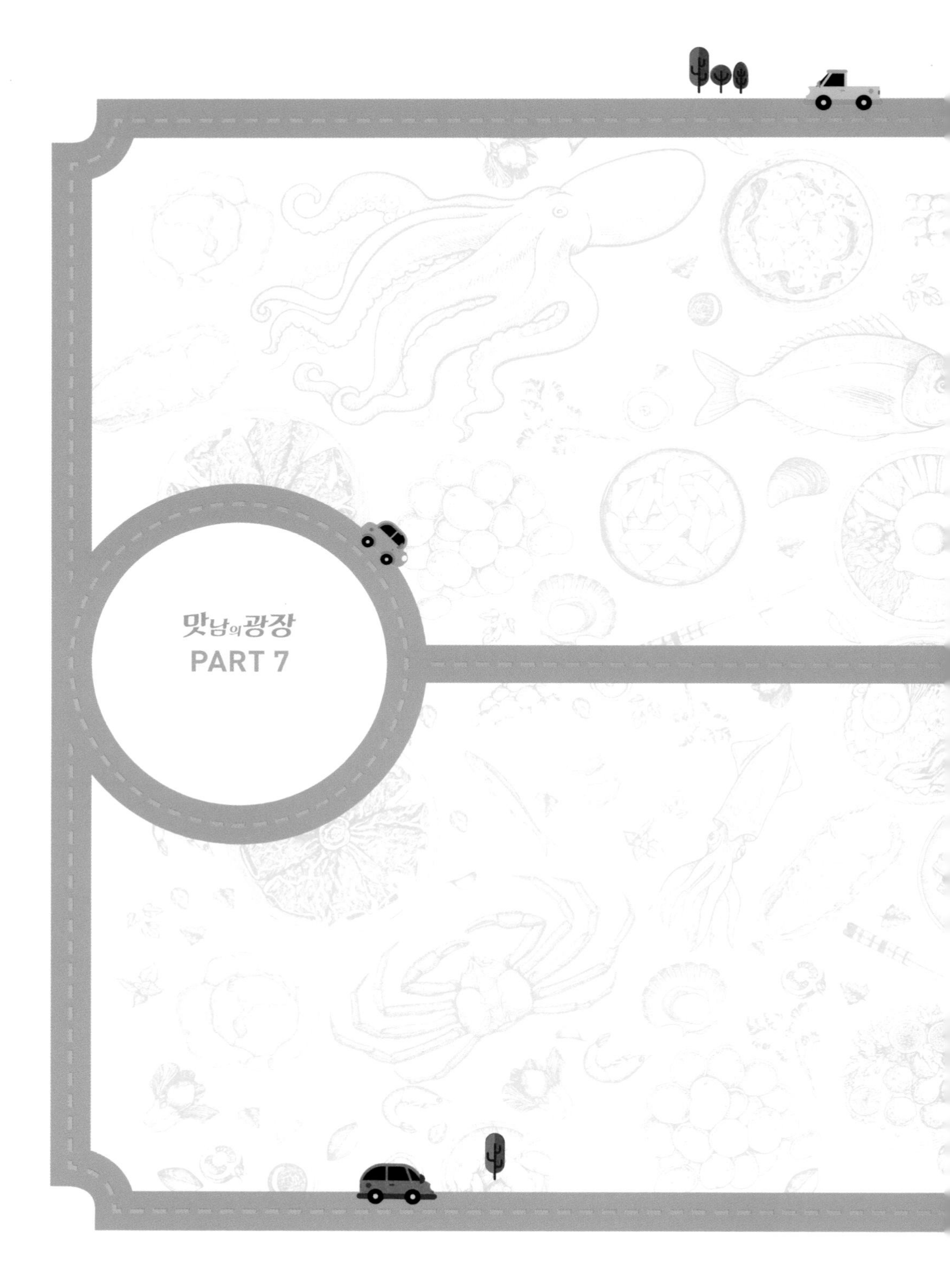

맛남의 광장
PART 7

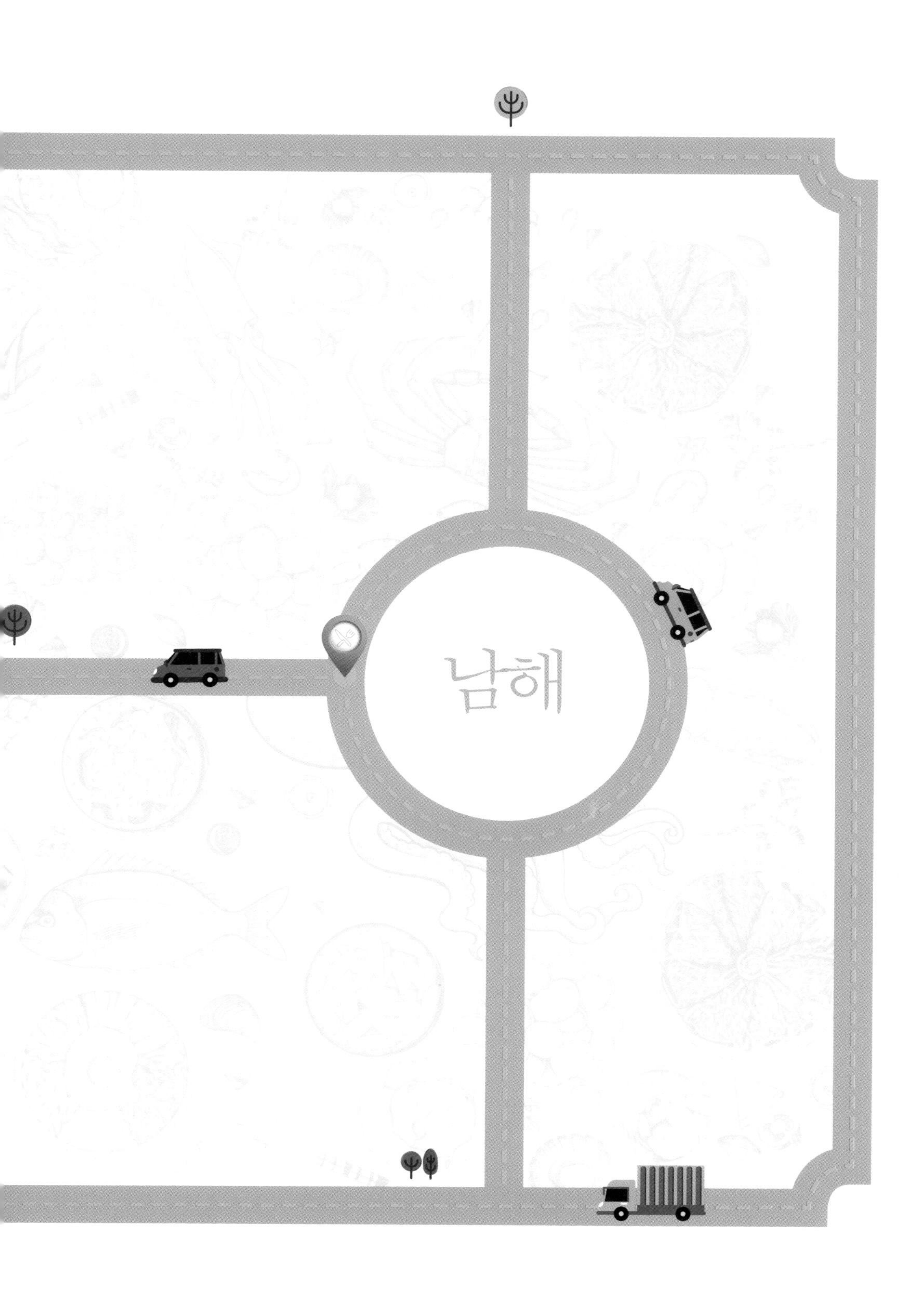
남해

MENU

맛남 시금치무침 · 맛남 태국식 시금치덮밥 · 맛남 시금치디핑소스

맛남 베이컨시금치볶음 · 맛남 홍합밥 · 맛남 홍합장칼국수

시금치

30년째 오르지 않는 시금치 가격과 풍작인데도 늘어나지 않는 소비로 마냥 기뻐할 수만은 없는 시금치 농가들! 특히 명절 문화가 간소화됨에 따라 소비 대목도 사라져버린 상황. 이에 〈맛남의 광장〉에서는 시금치무침 이외에 일상에서 시금치를 많이 먹을 수 있는 레시피를 개발해 시금치 소비 촉진에 힘을 보탰다.

홍합

'가짜 홍합', '페타이어 양식', '패류독소' 등 홍합에 대한 잘못된 인식과 소비자들의 불안감으로 소비량이 반 토막 난 홍합! 이에 홍합 양식에 대한 오해를 풀고, 매년 안전성 검사를 강화해 안전한 먹거리로 탈바꿈한 홍합의 소비 장려를 위해 〈맛남의 광장〉이 나섰다.

맛남 시금치무침

시금치 2단(900g), 다진 청양고추 8 +1/2개, 다진 마늘 3큰술, 참기름 3/4컵
굵은 고춧가루 5큰술, 통깨 5큰술, 맛소금 3큰술, 후춧가루 약간

1

시금치 2단은 잘게 썰고 청양고추도 잘게 다져준다.

2

볼에 썰어놓은 시금치, 다진 청양고추, 다진 마늘, 굵은 고춧가루, 맛소금, 후춧가루, 통깨, 참기름을 넣고 잘 섞어 접시에 담는다.

- 특산물을 살려 남해 쪽 식당에서 시금치 무침이 밑반찬으로 활용되길 바라며 만든 메뉴! 잘 구운 돼지고기에 말아서 먹으면 고소한 고기와 상큼한 시금치가 어우러져 더 맛있어요.

맛남 시금치무침 완성!

돼지고기에 싸 먹어도 좋은
시금치무침!

맛남 태국식 시금치덮밥

4인분

소스

흑설탕 2큰술, ㄴ 굴소스 3큰술, 물 1큰술, 멸치액젓 1큰술, 진간장 1/2큰술
노추(노두유) 1큰술

마늘고추다짐

홍고추 1개, 청양고추 3～4개, 통마늘 7～8개

태국식 시금치덮밥

식용유 8큰술, 다진 돼지고기 2+1/2컵 (450g), 시금치 1/2단
달걀 4개, 밥 4공기

태국식시금치덮밥 도전!

1

통마늘 7~8개, 청양고추 3~4개, 홍고추 1개를 잘게 다지고 시금치 1/2단은 뿌리는 잘게 다지고 이파리 부분은 적당한 크기로 자른다.

GOOD TIP

- 시금치는 뿌리 부분이 빨간색을 띨수록 달고 맛있어요. 차갑고 짠 해풍에 얼지 않으려고 당도를 끌어올려 색이 붉어진답니다. 웬만한 과일보다 높은 당도를 자랑하는 시금치. 흙을 털어내고 뿌리 부분까지 요리에 사용해 달고 맛있는 시금치를 즐겨보세요.

2

볼에 흑설탕 2큰술, 굴소스 3큰술, 물 1큰술, 멸치액젓 1큰술, 진간장 1/2큰술, 노추(노두유) 1큰술을 넣고 섞어 소스를 만든다.

3

팬에 기름을 두르고 다진 마늘, 청양고추, 홍고추를 넣고 볶다가 다진 돼지고기 2+1/2컵을 넣고 뭉치지 않게 풀어주면서 볶는다.

4

돼지고기가 익으면 만들어 놓은 소스를 붓고 시금치를 넣어 살짝 볶는다.

5

볶은 양념을 밥 위에 얹고 달걀프라이를 올린다.

맛남 태국식 시금치덮밥 완성!

마늘향과 고추향이 은은한
태국식 시금치덮밥!

맛남 시금치디핑소스

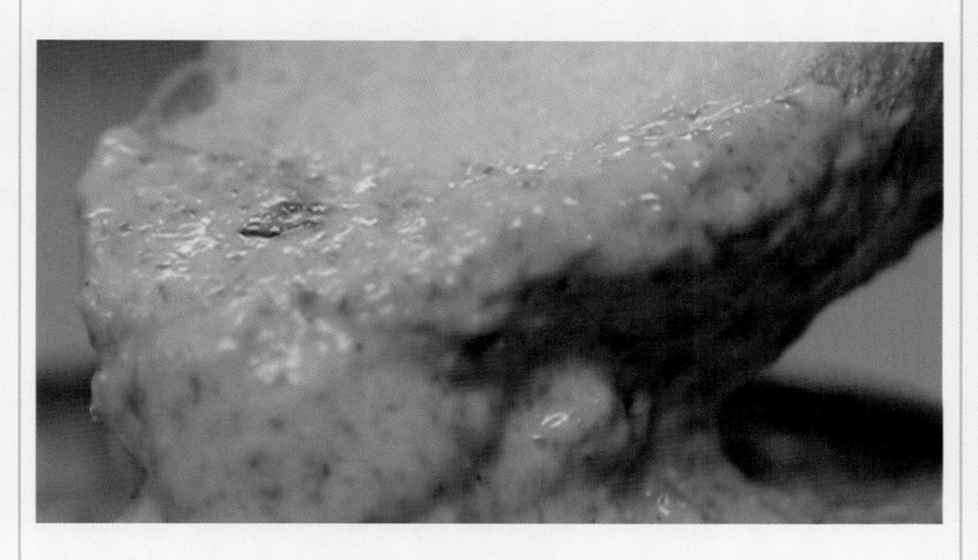

식용유 3스푼, 양파 1/2개, 시금치 1단(400g), 우유 400ml, 맛소금 1/3큰술
생크림 500ml, 슬라이스 체다치즈 10장

1

팬에 식용유를 두르고 잘게 썬 양파 1/2개를 볶는다.

2

뿌리 부분을 잘라내 손질한 시금치 1단을 넣고 함께 볶는다.

3

볶은 시금치에 우유 400ml와 생크림 500ml를 넣고 믹서에 갈아서 소스를 만든다.

- 생크림이 없으면 밀가루를 조금 넣어보세요. 걸쭉한 맛을 낼 수 있답니다.

4

소스를 팬에 넣고 끓이다가 체다치즈 10장을 넣고 맛소금으로 간을 맞춘다.

5

시금치디핑소스에 적당한 크기로 잘라 구운 바케트 빵을 곁들인다.

맛남 시금치디핑소스 완성!

찍어 먹어보고 싶은 비주얼,
미제감성 충만한 시금치디핑소스!

맛남 베이컨시금치볶음

시금치 1단, 베이컨 3~4장, 다진 마늘 1큰술, 식용유, 맛소금 적당량

1

시금치 1단을 뿌리 부분은 잘게 자르고, 이파리 부분은 크게 잘라 손질한다.

2

팬에 식용유를 충분히 두르고 다진 마늘 1큰술을 넣는다. 마늘의 양은 취향에 맞게 조절한다.

3

적당히 자른 베이컨을 넣고 볶다가 마늘이 노릇해지면 맛소금으로 간을 한다.

4

시금치를 넣고 살짝 볶는다.

5

접시에 먹음직스럽게 수북이 담는다.

맛남'S 꿀팁

"접시에 담을 때는 시금치를 먼저 수북이 올려주세요. 베이컨을 그 위에 올려주면 더욱 맛있어 보여요. 얇게 저민 돼지 앞다리살을 베이컨 대신 이용해도 좋아요."

맛남 베이컨시금치볶음 완성!

아이들도 좋아하는
베이컨시금치볶음!

맛남캠페인2 “고맙습니다”

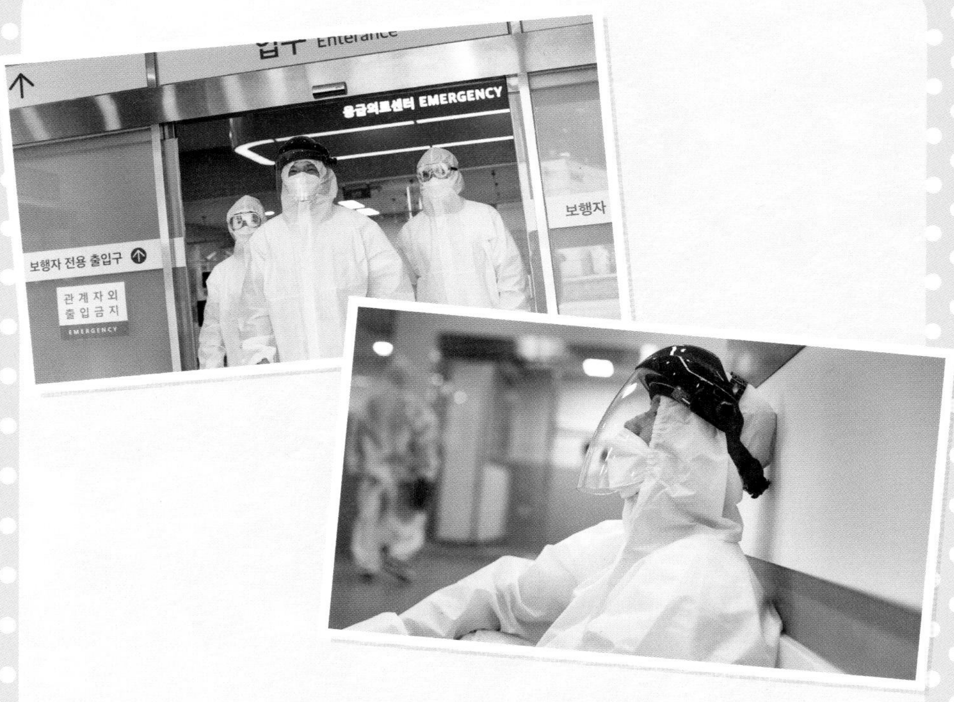

평소에 모르고 지나쳤던 무대 뒤 숨은 공로자의 피와 땀.
대한민국 국민을 위해 기꺼이 전쟁터로 나선 영웅들.
길어지는 싸움에 끼니도 거르며 봉사하는 많은 분들께 밥이라도
한 끼 제대로 대접하고 싶었습니다.

당신이 자랑스럽고 너무나 감사합니다.

〈맛남의 광장〉이 늘 응원하겠습니다.
감사합니다.

맛남 홍합밥

3인분

부추 양념장

부추(동전크기만큼 집어서), 대파 1/5대, 청양고추 1개, 진간장 7큰술, 황설탕 1큰술
다진 마늘 1/2큰술, 굵은 고춧가루 1큰술, 고운 고춧가루 1/2큰술, 통깨 1큰술
참기름 2+1/3큰술

홍합밥

홍합살 1+1/3컵(245g), 쌀 약 2컵(350g), 물 1+3/4컵(315ml), 고구마 1/3개
자숙 연근 3+1/2개, 당근 1/6개, 표고버섯 2개

부추 양념장

볼에 송송 썬 부추, 대파, 다진 청양고추, 진간장, 황설탕, 다진 마늘, 고춧가루, 통깨, 참기름을 잘 섞어 부추 양념장을 만든다

- 양념장 재료 : 부추 동전 크기만큼 집어서, 대파 1/5대, 다진 청양고추 1개, 진간장 7큰술, 황설탕 1큰술, 다진 마늘 1/2큰술, 굵은 고춧가루 1큰술, 고운 고춧가루 1/2큰술, 통깨 1큰술, 참기름 2+1/3큰술.
- 밥그릇보다 작은 양념볼에 모든 재료를 넣고 마지막에 재료가 잠길 때까지 간장을 넣으면 간을 맞추기 쉬워요.

1 홍합밥

쌀 2컵을 잘 씻어서 30분 이상 불리고, 홍합살 1 +1/3컵은 물에 두 번 정도 깨끗이 헹궈 준비한다.

2 홍합밥

고구마 1/3개, 표고버섯 2개, 당근 1/6개는 깍둑썰기하고, 슬라이스한 자숙 연근 3+1/2개는 6등분해준다.

3 홍합밥

전기밥솥에 불린 쌀, 물을 넣고 썰어놓은 고구마, 자숙연근, 당근, 표고버섯, 홍합살 순서로 골고루 펴서 올려준 후 취사한다.

4 홍합밥

취사가 끝난 밥을 골고루 섞어 그릇에 담고 부추 양념장을 곁들여 낸다.

맛남 홍합밥 완성!

홍합꽃이 입속에 피었습니다~
홍합밥!

맛남 홍합장칼국수

3~4인분

육수

물 2.5L, 홍합살 2+1/2컵(450g), 국간장 5큰술, 진간장 2큰술, 고추장 5큰술
재래식 된장 3큰술, 굵은 고춧가루 3+1/2큰술, 고운 고춧가루 2큰술, 다진 마늘 2큰술
황설탕 1/2큰술, 맛소금(부족한 간)

홍합장칼국수

칼국수면, 주키니 호박 1/2개, 대파 1+1/2대(장칼국수용 1대, 고명용 1/2대)
청양고추 3개, 양파 2/3개, 달걀 4개, 간 깨 12g, 후춧가루 약간

1 육수

주키니 호박 1/2개, 청양고추 3개, 양파 2/3개는 채 썰고, 대파 1+1/2대는 송송 썰어 준비한다.

2 육수

냄비에 물 2.5L, 홍합살 2+1/2컵을 넣고 삶는다.

맛남'S 꿀팁

"홍합살만 따로 구할 수 없으면, 홍합을 삶아 홍합살만 발라야 해요. 찬물에 홍합을 넣고 끓이기 시작해야 홍합 껍질이 잘 벌어져요."

3 육수

물이 끓다가 홍합살이 떠오르면 건진 후 찬물과 함께 믹서에 넣고 갈아 홍합물을 만든다.

4 육수

냄비에 홍합물, 국간장, 진간장, 고추장, 재래식 된장, 굵은 고춧가루, 고운 고춧가루, 다진 마늘, 황설탕을 넣고 끓인다.

- 육수 양념의 양: 국간장 5큰술, 진간장 2큰술, 고추장 5큰술, 재래식 된장 3큰술, 굵은 고춧가루 3+1/2큰술, 고운 고춧가루 2큰술, 다진 마늘 2큰술, 황설탕 1/2큰술.
- 간을 보고, 입맛에 따라 된장과 고추장 양을 조절하세요.

1 홍합장칼국수

칼국수 면은 흐르는 물에 한 번 헹궈 전분을 씻어낸다.

2 홍합장칼국수

면을 살살 풀어주면서 삶은 뒤, 그릇에 담아 준비한다.

3 홍합장칼국수

육수에 주키니 호박, 양파, 대파, 청양고추를 넣고 숨이 죽을 때까지 끓인다.

4 홍합장칼국수

채소가 숨이 죽으면 풀어놓은 달걀을 빙 돌려 넣고 익을 때까지 끓인다.

5 홍합장칼국수

담아놓은 칼국수 면에 육수를 붓고 고명으로 대파, 후춧가루, 간 깨를 올린다.

맛남 홍합장칼국수 완성!

홍합의 풍미와 칼칼함이 살아 있는
홍합장칼국수!

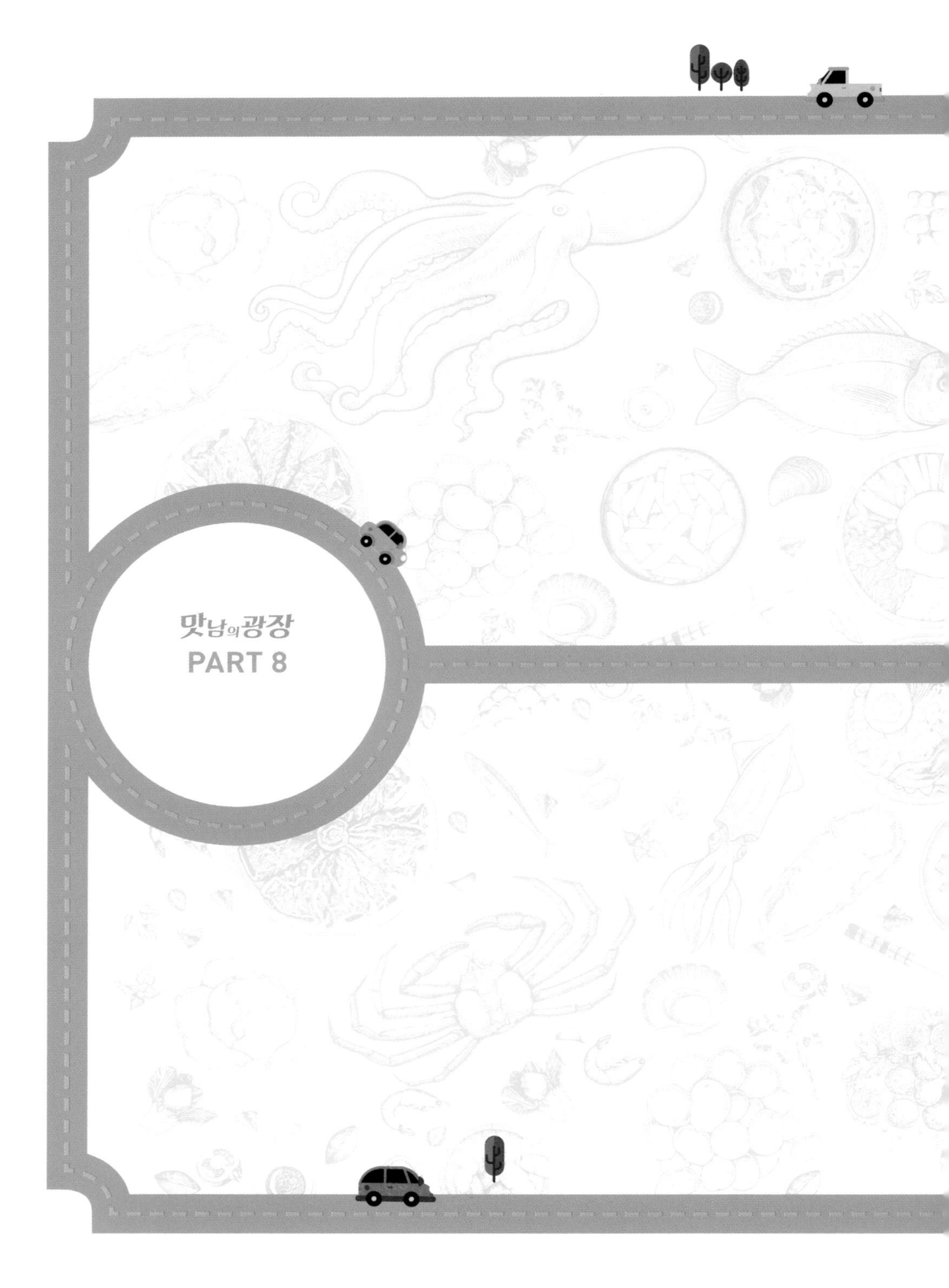

맛남의 광장

PART 8

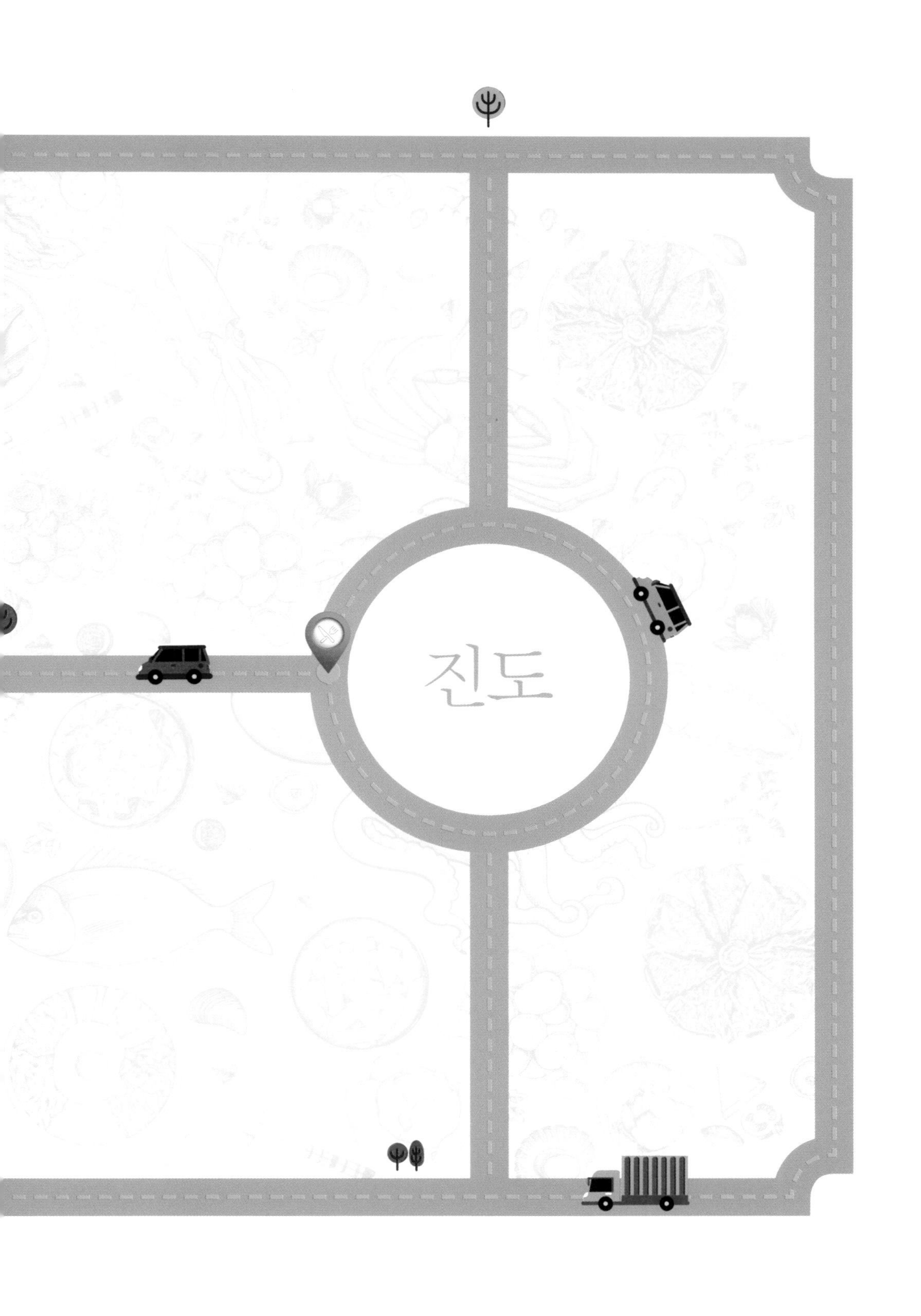
진도

MENU

맛남 파스츄리 · 맛남 진도 대파국 · 맛남 봄동 비빔밥

맛남 봄동 된장국 · 맛남 봄동 시저샐러드

대파

국내 대파 생산량의 40%를 차지하는 진도. 겨울철 기온이 온난해 과잉 생산되며 평년 대비 56% 가격 급락! 수급 조절을 위해 전체 생산량의 무려 10%를 산지 폐기하는 상황까지 발생했다고. 식습관 변화 및 중국산 대파 수입으로 소비가 줄어들고 있는 국산 대파의 소비 장려를 위해 〈맛남의 광장〉이 나섰다.

봄동

국내 대표 봄동 주산지로 꼽히는 진도. 공급 과잉으로 10년간 봄동 가격이 하락한 데다 식습관 변화, 경기 불황으로 소비마저 줄어 판로조차 없는 심각한 상황! 게다가 소비자들은 봄동이 봄에 나는 작물이라고 생각하지만 봄동은 한겨울이 가장 달고 맛있는 작물이라고. 이에 대목인 겨울에 소비자들이 봄동을 찾을 수 있도록 다양한 레시피를 공개한다!

맛남 파스츄리

반죽

밀가루(중력분) 1+1/4컵(125g), 맛소금 약간, 물 2/5컵(75ml)

파스츄리

파스츄리 반죽, 밀가루(덧가루용, 중력분), 식용유(반죽에 바르는 용, 굽는 용), 대파 2대

1

볼에 밀가루 1+1/4컵, 맛소금을 넣고 물을 2/5컵을 나눠 부어가며 반죽을 치대준다.

2

반죽이 하나로 뭉쳐지면 랩을 씌워 30분간 실온에서 숙성시킨다.

3

대파 2대는 길게 반 갈라 잘게 다져준다.

4

숙성된 반죽에 덧가루를 뿌린 후 적당히 손으로 밀어서 2등분한다.

5

2등분한 반죽 한 덩이를 밀대로 얇게 원형 모양으로 밀어준 후 식용유를 골고루 발라준다.

6

썰어놓은 대파를 골고루 뿌리고 돌돌 말아서 반죽을 손바닥으로 꾹꾹 눌러준다.

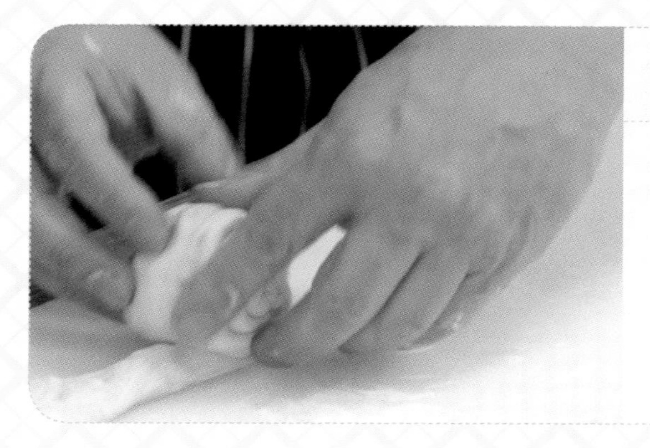

7

눌러놓은 반죽을 돌돌 만 후 세워서 덧가루를 뿌리고 손바닥으로 눌러준다.

8

지름 16~17cm 원형이 되도록 밀대로 밀어준다.

9

달군 팬에 반죽을 올리고 뚜껑을 닫고 앞뒤로 구워준다.

맛남'S 꿀팁

"반죽끼리 붙지 않게 밀대로 감아서 프라이팬에 올려주세요."

10

팬에 식용유를 넣은 후 앞뒤로 뒤집어가며 노릇하게 구운 후 접시에 담아준다.

- 파스츄리는 마른팬에 앞뒤로 한번 익힌 후 식용유를 넣고 다시 한번 구우면 반죽의 습기가 날아가면서 바삭해져요.
- 다 구워지면 세로로 세워 툭툭 쳐주면 층 사이가 벌어지며 바삭한 식감이 극대화돼요.
- 고소하고 바삭한 맛이 아이들 간식으로 좋아요.

맛남 파스츄리 완성!

밀가루 반죽의 고소함과
풍미작렬 파향의 맛남 파스츄리!

맛남 진도 대파국

3인분

양념장

고운 고춧가루 2+2/3큰술, 굵은 고춧가루 1큰술, 다진 마늘 2/3큰술, 청양고추 2개
물 4큰술, 국간장 1큰술

진도 대파국

식용유 3큰술, 참기름 3큰술, 양지 250g, 대파 5대, 물 9컵(1650ml), 다시마
국간장 3큰술, 다진 마늘 2큰술, 꽃소금 1/2큰술, 후춧가루 약간, 밥
불린 당면 90g, 양념장

1

대파 5대는 길게 반으로 갈라 크게 썰고, 청양고추 2개는 잘게 썰어준다.

2

냄비에 식용유 3큰술, 참기름 3큰술을 넣고 달군 후 얇게 썬 양지 250g을 넣고 볶아준다.

맛남'S 꿀팁

"양지는 참기름과 식용유에 볶았다가 물을 부으면 훨씬 더 풍부하게 맛이 올라오지요."

3

고기가 하얗게 익으면 썰어 놓은 대파를 넣고 볶다가 물 9컵, 다시마를 넣고 7분간 끓여준다.

맛남'S 꿀팁

"대파향이 올라온 후 물을 부어주세요. 물이 식어갈 때 다시마를 넣었다 꺼내야 최상의 감칠맛이 우러나요."

4

다시마를 건져낸 후 국간장 3큰술, 다진 마늘 2큰술, 꽃소금 1/2큰술, 후춧가루를 약간 넣고 가운데 부분까지 끓으면 불을 끈다.

맛남's 꿀팁

"간을 할 때 멸치액젓을 조금 써보세요. 감칠맛이 확 올라와요."

5

고운 고춧가루 2+2/3큰술, 굵은 고춧가루 1큰술, 다진 청양고추 2개, 다진 마늘 2/3큰술, 물 4큰술, 국간장 1큰술을 섞어 양념장을 만든다.

6

그릇에 불린 당면을 담고 끓여놓은 진도 대파국을 담은 후 양념장을 곁들인다.

맛남 진도 대파국 완성!

감칠맛 폭발하는
대파 듬뿍 맑은 국물 진도 대파국!

맛남 봄동 비빔밥

4~5인분

데친봄동무침

물, 꽃소금 2+1/2큰술, 봄동 2포기, 국간장 2큰술, 황설탕 2/3큰술, 다진 마늘 1/2큰술
참기름 3큰술, 간 깨 5큰술

간장소고기볶음 · 당근볶음 · 약고추장

다진 소고기 약1/2컵(85g), 다진 마늘 2/3큰술, 황설탕 2큰술, 진간장 6큰술
참기름 1큰술, 식용유, 물 4큰술, 후춧가루 약간
당근 1/3개, 식용유, 맛소금 약간
고추장 4큰술, 물 1큰술

봄동 비빔밥

봄동 무침, 간장 소고기 볶음, 당근 볶음, 약고추장, 계란 4~5개, 밥

봄동비빔밥도전!

1 봄동무침

끓는 물에 꽃소금 2+1/2큰술을 넣고 봄동 2포기를 데쳐준다.

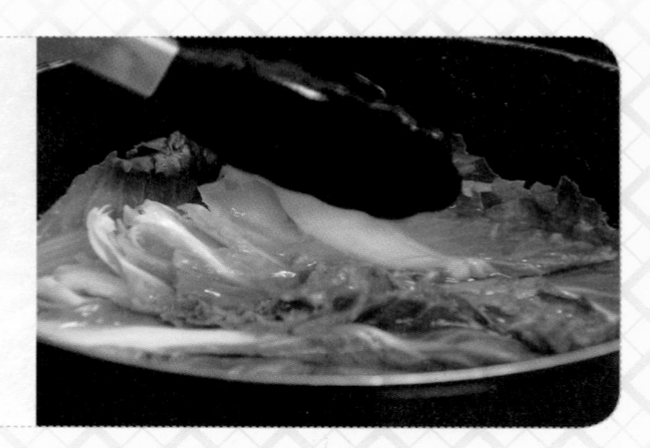

2 봄동무침

데친 봄동을 찬물에 헹궈 물기를 꼭 짠 후 잘게 썰어준다.

3 봄동무침

잘게 썬 봄동에 국간장 2큰술, 황설탕 2/3큰술, 다진 마늘 1/2큰술, 참기름 3큰술, 간 깨 5큰술을 넣고 무쳐준다.

당근볶음

식용유를 두른 팬에 채 썬 당근 1/3개를 넣고 맛소금으로 간을 해서 당근볶음을 만든다.

간장소고기볶음

식용유를 두른 팬에 다진 소고기, 다진 마늘, 황설탕, 진간장, 참기름, 후춧가루, 물을 넣고 국물이 없어질 때까지 볶는다.

- 간장소고기볶음 양념: 다진 소고기1/2컵(85g), 다진 마늘 2/3큰술, 황설탕 2큰술, 진간장 6큰술, 참기름 1큰술, 후춧가루, 물 4큰술.
- 간장소고기볶음은 수분이 없어질 때까지 볶은 뒤 마지막에 참기름을 넣어요.

약고추장

고추장 4큰술에 물 1큰술을 섞어 약고추장을 만든다.

1 봄동 비빔밥

그릇에 밥을 담고 봄동무침과 당근볶음, 간장소고기볶음을 푸짐하게 돌려 담고 계란 반숙을 올린다.

2 봄동 비빔밥

약고추장을 적당량 올리고 깨를 뿌려 마무리한다.

맛남 봄동 비빔밥 완성!

건강한 한 끼 뚝딱
봄동 비빔밥!

맛남 봄동 된장국

3~4인분

쌀뜨물 1.5L, 봄동 8장, 다진 마늘 1큰술, 재래식 된장 4큰술, 멸치가루 2큰술, 대파 약간

1

냄비에 쌀뜨물 1.5L를 넣고 끓여준다.

2

쌀뜨물이 끓기 시작하면 다진 마늘 1큰술, 재래식 된장 4큰술, 멸치가루 2큰술을 넣어준다.

3

봄동 8장을 2~3등분해 넣고 끓이다 숨이 죽으면 대파를 넣고 마무리하고 취향에 따라 굵은 고춧가루를 더한다.

맛남 봄동 된장국 완성!

봄동향 가득 머금은
된장국!

맛남 봄동 시저샐러드

4인분

봄동 1포기, 마요네즈 1/2컵, 다진 마늘 1/2큰술, 식초 1큰술, 황설탕 1큰술
후춧가루 조금, 멸치액젓 1큰술, 식빵 2장, 파르미자노 레지아노 치즈 약간
파마산 치즈가루 약간

드레싱

큰 볼에 마요네즈 1/2컵, 다진 마늘 1/2큰술, 식초 1큰술, 황설탕 1큰술, 후춧가루 조금, 멸치액젓 1큰술을 넣고 저어준다.

맛남'S 꿀팁

"드레싱에 레몬즙을 넣으면 풍미가 더 좋아져요."

1 봄동 시저샐러드

식빵을 작게 잘라 마른 팬에 굽는다.

2 봄동 시저샐러드

볼에 손질한 봄동을 넣고 드레싱과 섞는다.

3 봄동 시저샐러드

그릇에 봄동을 올린 뒤 구운 식빵 조각과 슬라이스한 파르미자노 레지아노 치즈를 뿌려준다.

- 파르미자노 레지아노 치즈가 없으면 빼도 맛있어요.

4 봄동 시저샐러드

마무리로 파마산 치즈가루를 뿌려준다.

봄동 시저샐러드 완성!

순식간에 뚝딱,
봄동 시저샐러드!

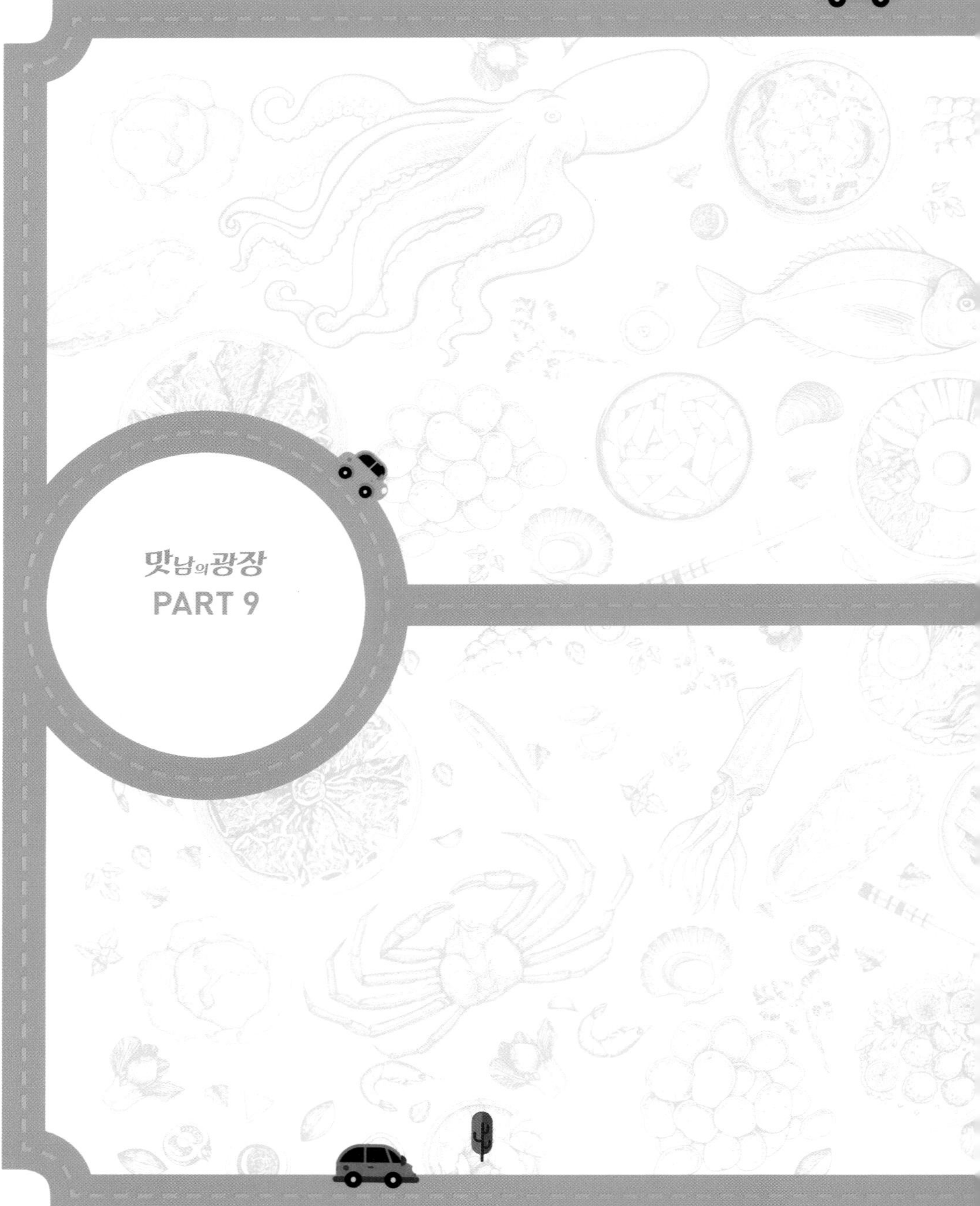

맛남의 광장

PART 9

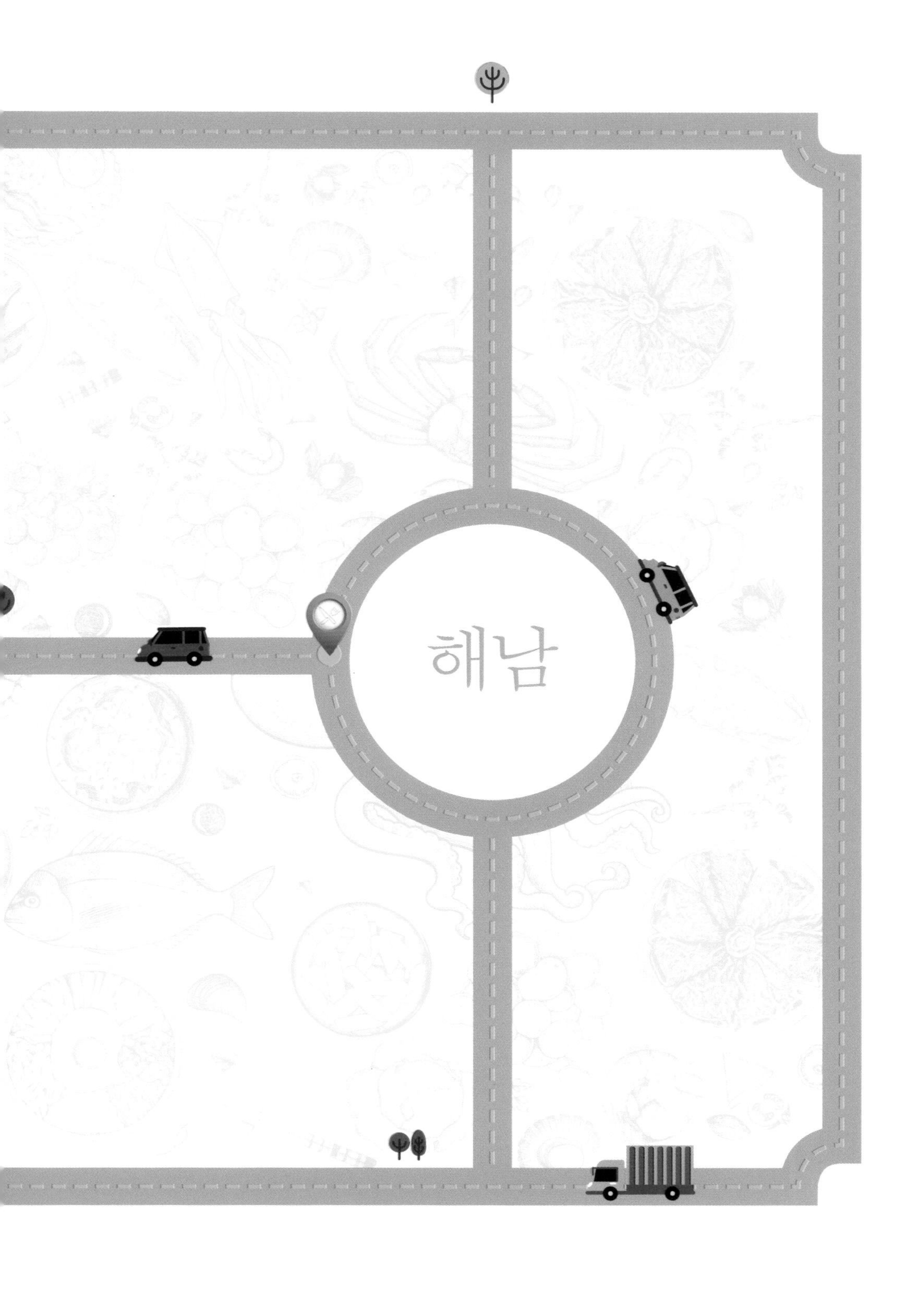
해남

MENU

맛남 김전 · 맛남 김찌개 · 맛남 김부각

맛남 고구마 생채 비빔밥 · 맛남 왕고구마 에어프라이어 활용

김

전국 물김 생산량의 25%를 차지하는 해남 김. 수요보다 공급이 현저히 많은 데다 국내 소비량이 갈수록 줄어들고 있다. 심지어 코로나19 바이러스로 인해 수출길조차 불투명해져 해남 김의 홍보가 절실한 상황! 일반 김뿐만 아니라 어민들이 직접 수확한 물김까지 마트에 유통하며, 이를 활용할 수 있는 레시피를 공개해 해남 김 살리기에 나섰다.

고구마

고구마의 대표 주산지로 손꼽히는 해남. 소비자들에게 외면 받는 왕고구마가 전체 생산량의 35%를 차지해 저장고에 450톤 넘게 쌓여 있는 상황이라고! 이에 대형 마트와 협력해 방송 후 전량 품절시키며 해남 고구마 농가에 힘을 보탰다. 또한 누구나 손쉽게 만들 수 있는 레시피로 왕고구마의 소비 촉진을 유도해 생산자와 소비자 모두에게 선한 영향력을 선사했다.

맛남 김전

김전 반죽

물김 2/5컵(60g), 송송 썬 대파 1/4대, 청양고추 1+1/2개, 부침가루 4/5컵(80g)
물 3/5컵(115ml), 다진 마늘 약간
(물김을 구할 수 없으면, 마른김 4장을 부숴서 물 50ml에 넣고 불리면 됩니다.)

양념장

진간장 2+1/2큰술, 식초 1큰술, 황설탕 약간, 굵은 고춧가루 1/2큰술, 통깨 1/2큰술

김전

김전 반죽, 식용유 3큰술, 양념장

1

물김은 물에 헹군 후 물기를 제거하고 잘게 썰어둔다. 대파 1/4대와 청양고추 1+1/2개는 잘게 썰어 준비한다.

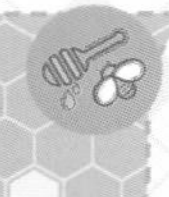

맛남'S 꿀팁

"고추를 많이 넣어야 맛있어요."

2

볼에 손질한 물김, 잘게 썬 대파, 청양고추를 넣고 부침가루 4/5컵, 물 3/5컵, 다진 마늘 약간 넣고 잘 섞어 김전 반죽을 만든다.

3

팬에 식용유를 넣고 달군 후 김전 반죽을 넓게 펼쳐 준다.

4

한쪽 면이 노릇하게 익으면 뒤집은 후 양쪽 면이 노릇하게 구워지면 접시에 담아 준다.

5

식초 1큰술, 황설탕 약간, 진간장 2+1/2큰술, 굵은 고춧가루 1/2큰술, 통깨 1/2큰술을 섞은 양념장에 기호에 따라 대파 또는 쪽파를 넣어도 좋다.

맛남 김전 완성!

고추향과 김향의 하모니,
겉바속쫄의 최강자 김전!

맛남 김찌개

4~5인분

물김 400g 대패삼겹살 275g, 대파 1/2대, 양파 2/3개, 청양고추 3개, 굵은 고춧가루 4+1/2큰술, 물 10컵(1800L), 재래식 된장 1+1/2큰술, 멸치액젓 4+1/2큰술 국간장 5큰술, 다진 마늘 2+1/2큰술, 꽃소금 1큰술, 밥, 소면(기호에 따라)

* 물김을 구할 수 없다면 마른김 20장에 물 2컵을 넣어 불리면 돼요.

1

양파 2/3개는 사각 썰기하고 대파 1/2대, 청양고추 3개는 송송 썬다.

2

물김 400g은 씻어 물기를 제거한 뒤 가위로 잘게 자른다.

3

냄비에 대패삼겹살 275g을 넣고 하얗게 익을 때까지 볶아준다.

4

대패삼겹살이 어느 정도 익으면 양파를 넣어 볶다가 굵은 고춧가루 4+1/2큰술을 넣는다.

맛남'S 꿀팁

"고기를 볶고 나서 물을 넣는 것이 포인트~!"

5

물 10컵, 멸치액젓 4+1/2큰술, 재래식 된장 1+1/2큰술, 국간장 5큰술을 넣고 끓인다.

6

꽃소금 1큰술로 간을 하고 다진 마늘 2+1/2큰술을 추가한다.

7

잘게 썬 물김을 넣은 후 끓인다.

8

썰어놓은 청양고추와 대파를 넣고 조금 더 끓인다.

맛남 김찌개 완성!

담백한 해남김의
매콤한 변신, 김찌개!

맛남 김부각

마른김 11장 기준

찹쌀풀

물 2 +2/3컵 (470ml) , 습식 찹쌀가루 1 +1/3컵(130g), 꽃소금 약간, 참기름 1큰술

김부각

찹쌀풀, 김밥용 마른김 11장, 통깨 2큰술, 건새우 1/2컵, 식용유(튀김용)

1 찹쌀풀

냄비에 물 2+2/3컵, 찹쌀가루 1+1/3컵, 꽃소금을 약간 넣고 거품기로 잘 저어가며 되직하게 농도가 생기고 가운데가 끓을 때까지 끓여준다.

맛남'S 꿀팁

"찹쌀가루가 없으면 남은 찬밥을 물과 함께 믹서에 갈면 끝!"

2 찹쌀풀

불을 끄고 참기름 1큰술을 넣어 잘 저은 후 차갑게 식힌다.

1 김부각

건조기 판에 2등분한 김을 깔고 찹쌀풀을 김 한쪽 면에 골고루 펴 바른 후 통깨 또는 믹서로 곱게 갈아놓은 건새우를 뿌린다.

2 김부각

통깨나 건새우를 뿌린 김을 건조기에서 50도에서 3시간~3시간 30분간 건조시킨다.

3 김부각

160도로 예열한 기름에 건조된 김을 넣고 색이 올라오면 체로 건져 기름을 뺀 후 접시에 담는다.

맛남 김부각 완성!

해남 마른김의 변신,
고소하고 짭짤한
새로운 차원의 김부각!

맛남 고구마 생채 비빔밥

3 ~ 4인분

고구마 생채 무침

왕고구마 1개(중간 크기 고구마 사용 시 2개), 대파 1/2대, 다진 마늘 1큰술
멸치액젓 2큰술, 소금 약간, 식초 7큰술, 황설탕 2 +1/2큰술
고운 고춧가루 1큰술, 굵은 고춧가루 3큰술

약고추장

고추장 6큰술, 물 1큰술 (고추장과 물의 비율은 6:1로 한다)

고구마 생채 비빔밥

고구마 생채 무침, 약고추장, 밥 4 ~ 5공기, 참깨, 참기름

1

왕고구마는 깨끗이 씻은 후 껍질을 깎지 않은 상태로 채 썬다.

맛남'S 꿀팁

"가능한 한 얇고 곱게 채를 썰어야 고구마 생채가 밥과 잘 어우러져서 맛있어요."

2

채 썬 고구마를 물에 담가 전분기를 없앤 후 물기를 빼준다.

3

볼에 고구마 채, 송송 썬 대파를 넣고 다진 마늘, 멸치액젓, 소금, 식초, 황설탕, 고운 고춧가루, 굵은 고춧가루를 넣고 함께 무쳐준다.

- 양념 양: 송송 썬 대파 1/2대, 다진 마늘 1큰술, 멸치액젓 2큰술, 소금 약간, 식초 7큰술, 황설탕 2+1/2큰술, 고운 고춧가루 1큰술, 굵은 고춧가루 3큰술.

4

밥 위에 고구마 생채 무침을 올리고, 약고추장과 참기름, 참깨를 올려 비빈다.

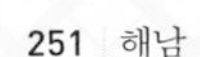

맛남 고구마 생채 비빔밥 완성!

반칙 같은 조합,
고구마 생채 비빔밥!

맛남 왕고구마 에어프라이어 활용

1 왕고구마 구이

왕고구마를 한입 크기로 썰어 준비한다.

맛남'S 꿀팁

"고구마를 돌려가며 모서리가 많게 자르면 빨리 익고 더 바삭해져요."

2 왕고구마 구이

에어프라이어에 넣고 200도에서 20분 정도 굽는다.

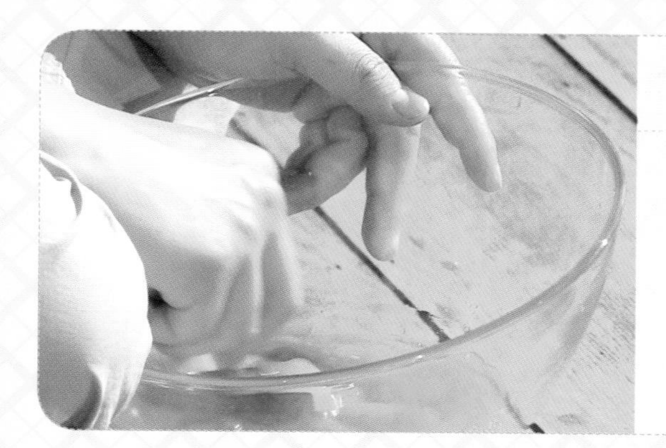

1 초간단 맛탕

설탕과 물을 1대1 비율로 섞는다.

2 초간단 맛탕

한입 크기로 썰어둔 왕고구마를 설탕물에 버무려 코팅한다.

3 초간단 맛탕 완성

에어프라이어에 넣고 180도에서 20분 정도 구워 완성한다.

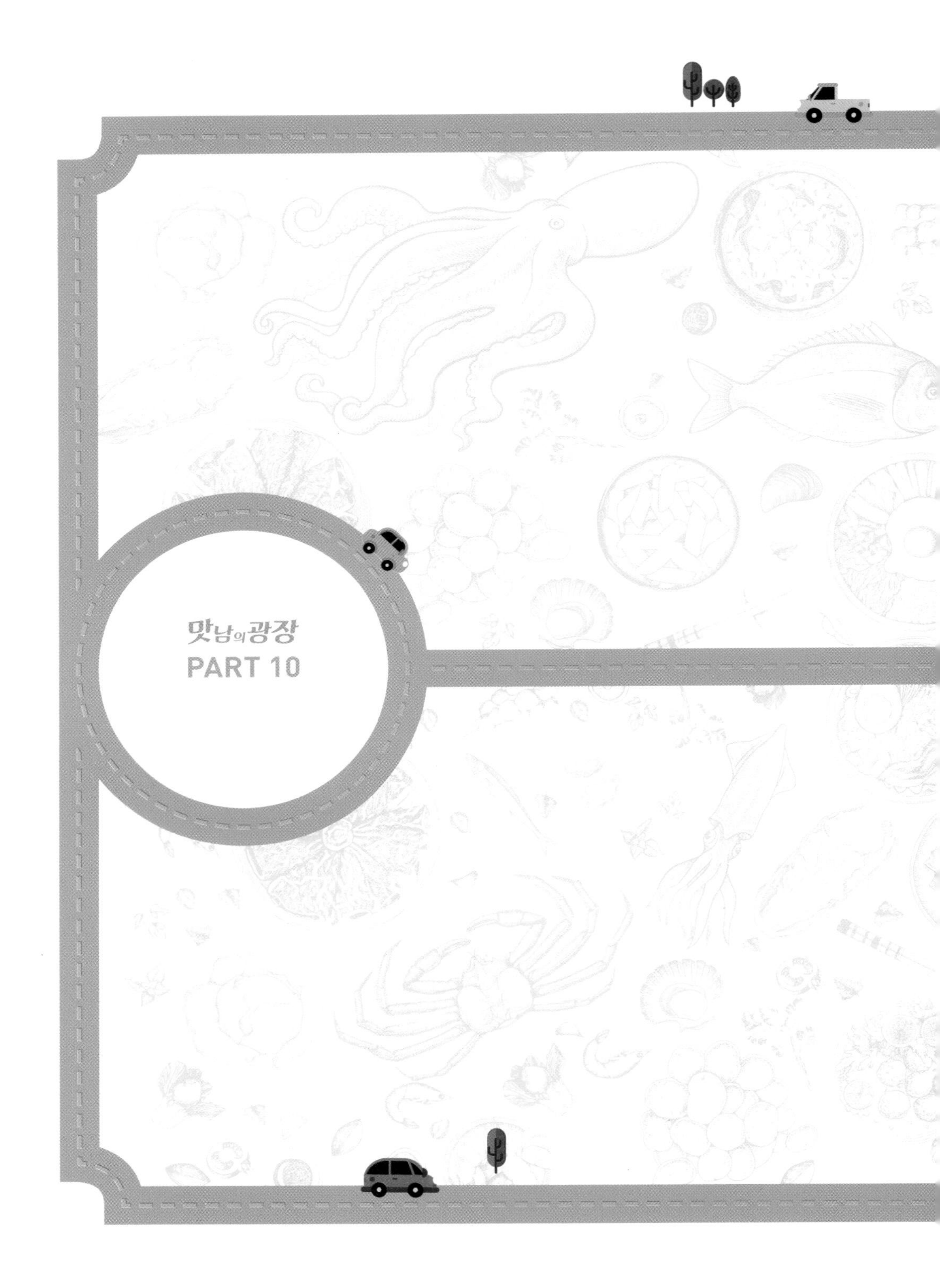
맛남의 광장
PART 10

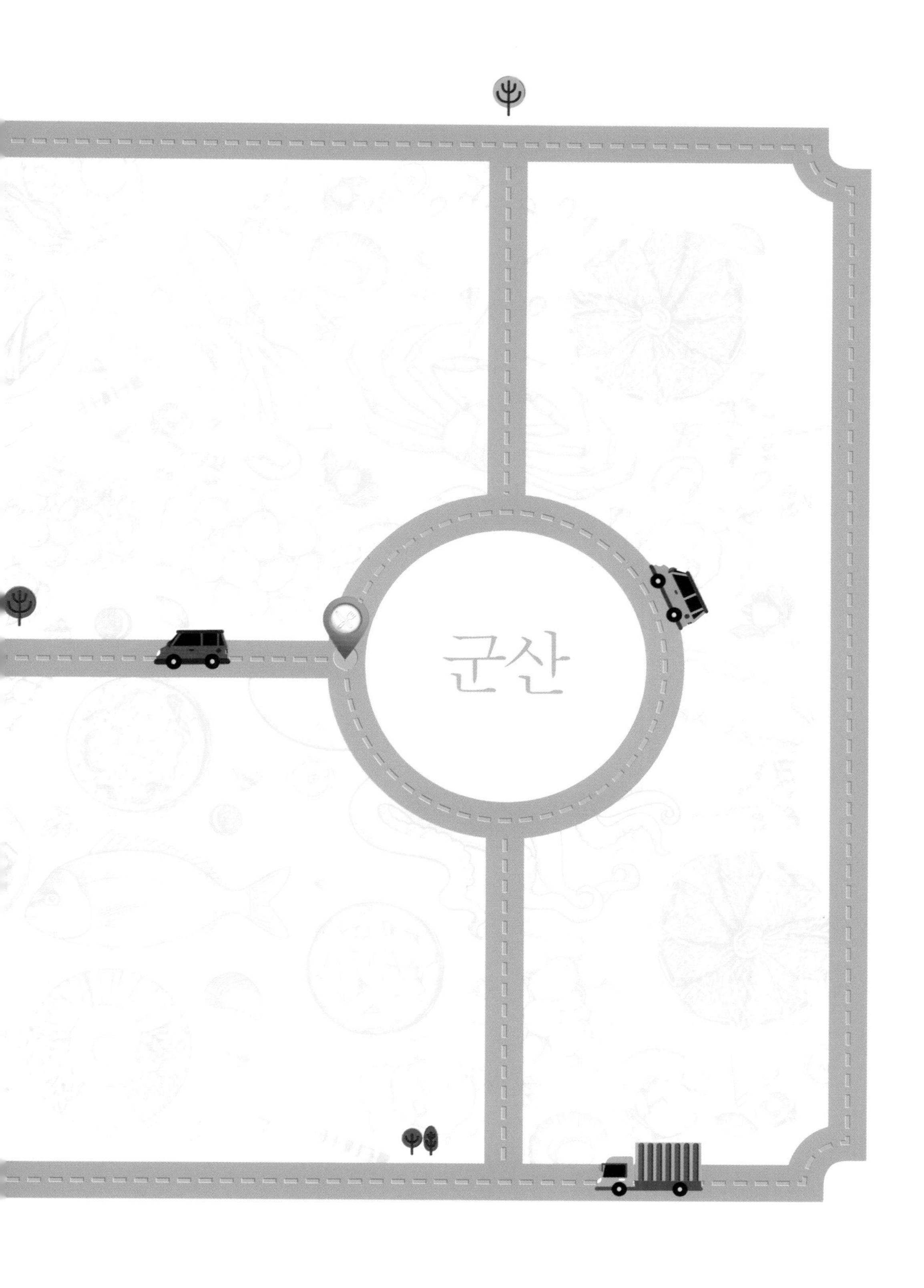
군산

MENU

맛남 주꾸미찌개 · 맛남 주꾸미삼겹살볶음 · 맛남 열무된장면

맛남 열무꽁치조림 · 맛남 열무돼지고기볶음 · 맛남 열무물김치

주꾸미

봄이 되면 먹이를 찾아 서해안으로 몰려드는 주꾸미. 낚시꾼들의 무분별한 포획으로 주꾸미 어획량이 감소하면서 소비자들에게 비싸다는 인식이 심어져 소비 부진에 시달리는 주꾸미 어가들. 주꾸미 금어기(매년 5월 11일~8월 31일) 전까지 제철인 주꾸미를 적극 홍보하고 주꾸미 소비를 촉진시키기 위해 〈맛남의 광장〉이 나섰다.

열무

과거 여름철 '사이짓기' 작물로 기르다 보니 여름이 제철로 알려진 열무! 여름이 다가올수록 생산량이 많아지고 가격이 떨어져 힘들어진 열무 농가들. 열무는 재배 기간이 짧아 사시사철 즐길 수 있는 식재료! 다양한 레시피를 개발해 사시사철 열무를 즐길 수 있도록 힘을 보탰다.

맛남 주꾸미찌개

2인분

들기름 2큰술, 주꾸미 6마리(240g), 무 2cm두께, 쌀뜨물 2+1/4컵(400ml)
청양고추 1개, 국간장 2큰술, 멸치액젓 2큰술, 대파 1/4대

1

무는 나박썰기하고, 대파 1/4대와 청양고추 1개는 송송 썰어 준비한다.

2

냄비에 들기름 2큰술을 두르고 손질한 주꾸미 6마리를 먹기 좋은 크기로 잘라 볶는다.

3

나박썰기한 무를 넣고 함께 볶는다.

4

쌀뜨물 2+1/4컵, 국간장 2큰술, 멸치액젓 2큰술을 넣고 팔팔 끓기 시작하면 4분간 더 끓인다.

5

썰어놓은 대파, 청양고추를 넣어 끓인다.

맛남 주꾸미찌개 완성!

얼큰하고 깔끔한 국물맛,
주꾸미찌개!

맛남 주꾸미삼겹살볶음

4인분

주꾸미 10마리, 삼겹살 270g, 대파 1대, 양파 1/2개, 다진 마늘 2큰술, 황설탕 4큰술
고운 청양고춧가루 1큰술, 굵은 고춧가루 3큰술, 고추장 1/2큰술, 진간장 4큰술
후춧가루 약간, 꽃소금 약간, 참기름 2큰술

* 소금 양은 취향에 따라 조절해주세요! 좀 더 진한 맛을 원하면 고추장 양을 늘려주세요.

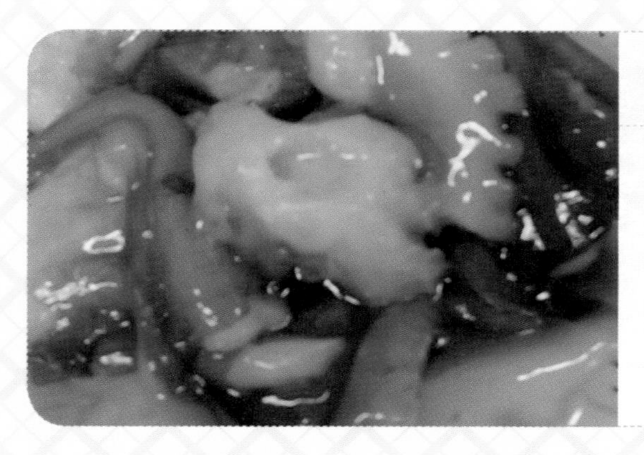

1

주꾸미 10마리는 입, 내장을 제거해 깨끗이 씻어준다.

2

양파 1/2개는 반으로 자른 후 채 썰고, 대파 1대는 송송 썰어준다.

3

볼에 주꾸미, 양파, 대파, 다진 마늘, 황설탕, 고운 고춧가루, 굵은 고춧가루, 고추장, 진간장, 꽃소금, 후춧가루, 참기름을 넣어 버무린다.

- 버무림 양념 재료: 양파 1/2개, 대파 1대, 다진 마늘 2큰술, 황설탕 4큰술, 고운 고춧가루 1큰술, 굵은 고춧가루 3큰술, 고추장 1/2큰술, 진간장 4큰술, 꽃소금 약간, 후춧가루 약간.
- 참기름 2큰술은 마지막에 넣으세요. 향이 확 살아나요.

4

불판에 삼겹살을 올려 앞뒤로 뒤집으며 구워준 후 한 입 크기로 자른다.

맛남'S 꿀팁

"삼겹살을 초벌구이해 기름을 내는 것이 포인트! 주꾸미와 삼겹살을 함께 넣어 볶으면 삼겹살 기름이 덜 나온 상태에서 볶아져 고소한 맛이 덜해요."

5

양념한 주꾸미 주물럭을 올린 후 익기 시작하면 가위로 잘라 삼겹살과 함께 볶는다.

맛남 주꾸미삼겹살볶음 완성!

기분 좋은 매콤함,
주꾸미삼겹살볶음!

맛남 열무된장면

4인분

열무된장볶음

열무 7 ~ 8뿌리, 다진 돼지고기 3/4컵(140g), 대파 1대, 양파 1/2개, 홍고추 2개
청양고추 2개, 식용유 1/2컵, 황설탕 1큰술, 재래식 된장 2큰술, 다진 마늘 2큰술
굵은 고춧가루 1큰술, 고운 고춧가루 1/2큰술, 고추장 1/2큰술
진간장 2큰술, 멸치액젓 1큰술

열무된장면

열무된장볶음, 소면, 간 깨 2/3큰술

1

대파 1대, 청양고추 2개, 홍고추 2개는 송송 썰고, 양파 1/2개는 사각 썰고 열무는 한입 크기로 썬다.

2

팬에 식용유, 대파를 넣고 볶아 파기름을 낸 후 다진 돼지고기 3/4컵을 넣고 볶아준다.

3

다진 돼지고기가 하얗게 익으면 양파를 넣고 볶다가 황설탕 1큰술을 넣고 볶아준다.

4

재래식 된장 2큰술, 다진 마늘 2큰술, 굵은 고춧가루 1큰술, 고운 고춧가루 1/2큰술, 고추장 1/2큰술, 진간장 2큰술, 멸치액젓 1큰술을 넣고 볶아준다.

5

열무, 청양고추, 홍고추를 넣고 볶아준다.

6

참기름을 넣고 섞어준 후 불을 끈다.

7

끓는 물에 건소면을 넣고 삶아 찬물에 헹군 뒤 체에 밭쳐 물기를 뺀다.

8

그릇에 삶은 소면을 담고 열무된장볶음을 올려준 후 간 깨를 올려 완성한다.

맛남 열무된장면 완성!

열무 요리의 新 패러다임
식감예술 열무된장면!

맛남 열무꽁치조림

2~3인분

열무 5~6뿌리, 꽁치 통조림 큰 것 1캔(400g), 대파 1대, 양파 1/2개, 청양고추 6개
홍고추 1개, 쌀뜨물 2+1/4컵(400ml), 재래식 된장 4큰술, 고추장 1큰술
다진 마늘 3큰술, 황설탕 2큰술, 굵은 고춧가루 2큰술, 맛소금(부족한 간)

1

양파 1/2개는 채 썰고 대파 1대, 청양고추 6개, 홍고추 1개는 송송 썰어 준비한다.

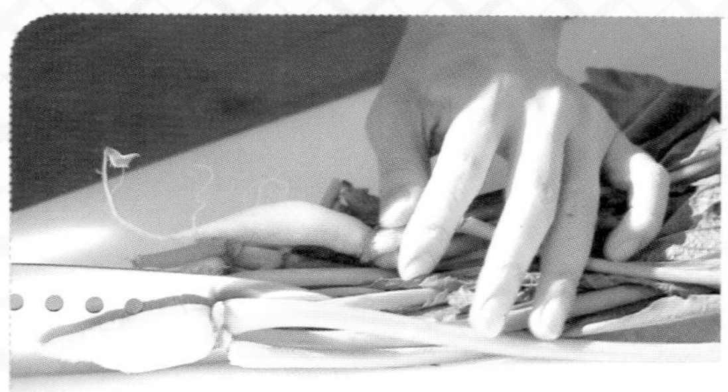

2

열무 5~6뿌리는 씻어서 뿌리 부분을 자른 후 체에 밭쳐 물기를 뺀다.

- 이파리 쪽은 숨이 빨리 죽을 수 있으니 크게 잘라요.

3

냄비에 손질해놓은 꽁치 통조림, 대파, 양파, 청양고추, 홍고추를 넣는다.

- 꽁치 통조림은 국물까지 같이 넣어주세요.

4

재래식 된장 4큰술, 고추장 1큰술, 다진 마늘 3큰술, 황설탕 2큰술, 굵은 고춧가루 2큰술, 쌀뜨물 2+1/4컵을 넣고 강불에서 끓인다.

5

열무를 넣고 숨이 죽을 때까지 끓인다.

맛남'S 꿀팁

"생선조림을 할 때 뚜껑을 열고 하면 비린내가 날아가요. 하지만 열을 가둬두지 못하기에 양념이 다 졸여질 때까지 시간이 걸리지요."

맛남 열무꽁치조림 완성!

생선과 열무의 부드럽고
아삭한 식감이 예술,
열무꽁치조림!

맛남 열무돼지고기볶음

4인분

열무 5 ~ 6뿌리, 식용유, 대파 1/2대, 양파 1/2개, 채 썬 돼지고기 1컵(180g)
다진 마늘 3/4큰술, 황설탕 2큰술, 진간장 4큰술, 멸치액젓 2큰술

1

열무는 뿌리 부분을 길게 반으로 잘라 먹기 좋은 크기로 손질한다.

2

손질한 열무는 살짝 데친다.

- 데치면 열무의 풋내를 날릴 수 있어요.

3

팬에 식용유, 송송 썬 대파 1/2대, 채 썬 양파 1/2개를 넣고 파기름을 낸다.

4

파기름에 다진 마늘 3/4큰술, 돼지고기 채 1컵, 황설탕 2큰술, 진간장 4큰술을 넣고 볶는다.

5

데친 열무를 넣고 볶다가 마지막에 멸치액젓 2큰술을 넣어 마무리해준다.

맛남 열무돼지고기볶음 완성!

열무 식감 제대로 살린
열무돼지고기볶음!

맛남 열무물김치

열무 1단 기준

밀가루 풀

물 1 +2/5컵(250ml), 밀가루 중력분 1큰술(10g)

열무 절이기

열무 큰 1단(1200g), 물 5L, 꽃소금 400g

열무물김치

절인 열무, 밀가루 풀 200g, 홍고추 12개, 양파 작은 거 1개, 새우젓 2큰술
다진 생강 1/2큰술, 다진 마늘 2 +1/2큰술, 물 2 +3/4컵(500ml), 청양고추 4 ~ 5개
쪽파, 꽃소금 10큰술, 황설탕 3큰술, 고운 고춧가루 7큰술(46g)

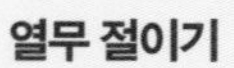

1 밀가루 풀

냄비에 물 1+2/5컵과 밀가루 1큰술을 넣고 농도가 생길 때까지 저으며 끓인다.

맛남'S 꿀팁

"풀을 쑬 때는 밀가루, 쌀가루, 찹쌀가루 뭐든 상관없어요. 반드시 찬물에 가루를 덩이지지 않게 갠 후 끓여야 해요. 끓는 물에 밀가루를 넣으면 덩어리져서 절대 안 돼요."

2 밀가루 풀

미음 정도 농도가 되면 불을 끄고 식힌다.

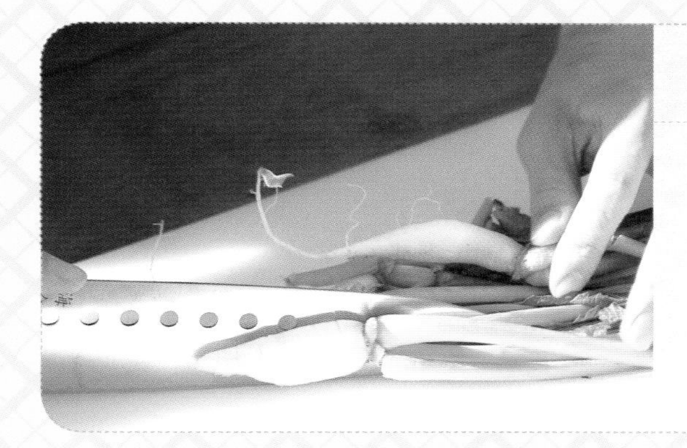

1 열무 절이기

열무는 뿌리 부분을 길게 반으로 잘라 먹기 좋은 크기로 손질한다.

2 열무 절이기

넓은 통에 물 5L와 꽃소금 400g을 섞어 소금물을 만들어 손질한 열무를 50분간 절인다.

3 열무 절이기

소금물에 절인 열무를 흐르는 물에 3번 정도 헹궈 체에 밭쳐 물기를 제거한다.

1 열무물김치

홍고추 9개, 양파 1/2개, 새우젓 2큰술, 다진 생강 1/2큰술, 다진 마늘 2+1/2큰술, 물 2+3/4컵을 믹서에 갈아 양념을 만든다.

2 열무물김치

양파 1/2개는 채 썰고, 쪽파는 손가락 길이로 썰고, 청양고추 4~5개, 홍고추 3개는 어슷썬다.

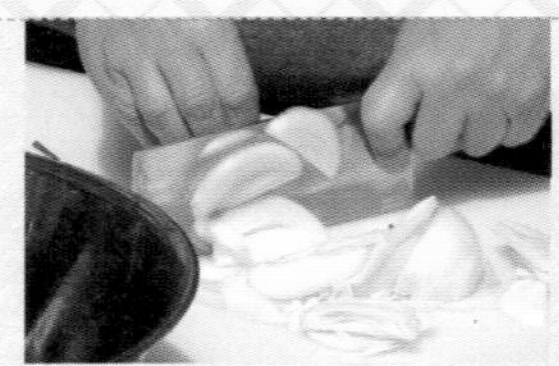

3 열무물김치

넓은 통에 밀가루 풀, 만들어둔 양념, 꽃소금 10큰술, 황설탕 3큰술, 고운 고춧가루 7큰술을 넣고 잘 섞는다.

4 열무물김치

손질한 양파, 쪽파, 청양고추, 홍고추, 열무를 넣고 잘 버무린다.

5 열무물김치

물을 부어 김치국물을 만든다. 염도에 따라 물의 양은 조절할 수 있다.

맛남 열무물김치 완성!

국수인 듯 국수 아닌
냉면 같은 맛 열무물김치!

OPEN
맛남의 광장
제주 올레 센터 가는 길
농벤져스
어드레 감디?

맛남의 광장

2020년 10월 27일 1판 1쇄 발행
2020년 11월 11일 1판 3쇄 발행

지은이 | SBS 〈맛남의 광장〉 제작진
펴낸이 | 이종춘
펴낸곳 | BM (주)도서출판 성안당
주소 | 04032 서울시 마포구 양화로 127 첨단빌딩 3층(출판기획 R&D 센터)
10881 경기도 파주시 문발로 112 출판 문화도시(제작 및 물류)
전화 | 02) 3142-0036
031) 950-6300
팩스 | 031) 955-0510
등록 | 1973. 2. 1. 제406-2005-000046호
출판사 홈페이지 | www.cyber.co.kr
ISBN | 978-89-315-9032-6 13590
정가 | 18,000원

이 책을 만든 사람들
기획 · 편집 | 백영희
내용 감수 | 키친 콤마 김지현
화면 편집 | 이용희
교정 | 허지혜
표지 · 본문 디자인 | 이승욱 지노디자인
국제부 | 이선민, 조혜란, 김혜숙
마케팅 | 조광환
영업 | 구본철, 장상범, 차정욱, 나진호, 이동후, 강호묵
홍보 | 김계향, 유미나
제작 | 김유석

호우야는 (주)도서출판 성안당의 단행본 출판 브랜드입니다.

■ 도서 A/S 안내

성안당에서 발행하는 모든 도서는 저자와 출판사, 그리고 독자가 함께 만들어 나갑니다.
좋은 책을 펴내기 위해 많은 노력을 기울이고 있습니다. 혹시라도 내용상의 오류나 오탈자 등이 발견되면 "좋은 책은 나라의 보배"로서 우리 모두가 함께 만들어 간다는 마음으로 연락주시기 바랍니다. 수정 보완하여 더 나은 책이 되도록 최선을 다하겠습니다.
성안당은 늘 독자 여러분들의 소중한 의견을 기다리고 있습니다. 좋은 의견을 보내주시는 분께는 성안당 쇼핑몰의 포인트(3,000포인트)를 적립해 드립니다.
잘못 만들어진 책이나 부록 등이 파손된 경우에는 교환해 드립니다.